湖北省公益学术著作出版专项资金资助

中国南方海相页岩气研究丛书

# 上扬子典型地区下古生界海相页岩天然裂缝及其对页岩气富集的影响

SHANGYANGZI DIANXING DIQU XIAGUSHENGJIE HAIXIANG YEYAN
TIANRAN LIEFENG JI QI DUI YEYANQI FUJI DE YINGXIANG

张晓明　石万忠　徐笑丰　翟刚毅　等著

中国地质大学出版社
ZHONGGUO DIZHI DAXUE CHUBANSHE

图书在版编目(CIP)数据

上扬子典型地区下古生界海相页岩天然裂缝及其对页岩气富集的影响/张晓明等著.—武汉:中国地质大学出版社,2023.3
(中国南方海相页岩气研究丛书)
ISBN 978-7-5625-5487-5

Ⅰ.①上… Ⅱ.①张… Ⅲ.①扬子板块-早古生代-海相-页岩-裂缝-影响-油页岩-油气藏-研究 Ⅳ.①P618.130.2

中国国家版本馆 CIP 数据核字(2023)第 018527 号

| 上扬子典型地区下古生界海相页岩 | | | | | |
|---|---|---|---|---|---|
| 天然裂缝及其对页岩气富集的影响 | 张晓明 | 石万忠 | 徐笑丰 | 翟刚毅 | 等著 |

| 责任编辑:李焕杰　王凤林 | 选题策划:王凤林 | 责任校对:张咏梅 |
|---|---|---|
| 出版发行:中国地质大学出版社(武汉市洪山区鲁磨路388号) | | 邮编:430074 |
| 电　　话:(027)67883511 | 传　　真:(027)67883580 | E-mail:cbb@cug.edu.cn |
| 经　　销:全国新华书店 | | http://cugp.cug.edu.cn |
| 开本:787毫米×1092毫米　1/16 | 字数:200千字 | 印张:8.25 |
| 版次:2023年3月第1版 | 印次:2023年3月第1次印刷 | |
| 印刷:武汉中远印务有限公司 | | |
| ISBN 978-7-5625-5487-5 | | 定价:98.00元 |

如有印装质量问题请与印刷厂联系调换

## 《上扬子典型地区下古生界海相页岩天然裂缝及其对页岩气富集的影响》编委会

张晓明　石万忠　徐笑丰　翟刚毅
蒋　恕　舒志国　刘俞佐　杨　洋
冯　芊　白卢恒　张　聪　陈相霖
王　任　徐立涛　刘　凯　覃　硕

# 序

  自2012年我国页岩气获得突破后,我国已经成为继美国之后第二个页岩气生产大国。我国海相、海陆交互相和陆相富有机质页岩发育层系多、分布广,具有很大的页岩气资源潜力。目前页岩气工业化开采主要集中在四川盆地及周缘地区的五峰组—龙马溪组,南方海相广大地区及层系还处于调查阶段。基于近十年的南方海相页岩气调查数据,从区域上总结海相页岩气的调查进展,并筛选出页岩气远景区、有利区,为下一步页岩气调查打下了关键基础。

  本专著由石万忠教授、翟刚毅教授及团队成员在"十三五"国家油气重大专项任务研究工作的基础上完成。团队对南方海相八套重点富有机质页岩层的生储条件、保存条件、远景区及有利区进行了评价,并形成了"中国南方海相页岩气研究丛书"。该丛书分为两本专著和一本图集:专著在图集的基础上列举了典型地区、典型案例,对页岩气的生、储、保及远景规划做出了评价;形成的图集为《中国南方海相页岩气区域选区评价图集》。该丛书具有如下三方面显著特征:

  (1)以"构造控沉积、沉积控岩相、岩相控富集、保存控气藏"的"四控法"思路为指导,以最新地质调查井资料为约束,从点—线—面的不同层次,编制了南方震旦系、寒武系、上奥陶统—下志留统、中泥盆统、下石炭统、二叠系海相页岩气评价图件。平面图件包括岩相古地理图、沉积相图、页岩厚度分布图、总有机碳(TOC)含量分布图、有机质成熟度($R_o$)分布图、保存指数分布图、页岩气远景区分布图、页岩气有利区分布图。资料丰富、数据翔实、参考性强。

  (2)提出了页岩气保存指数的概念,首次实现了在区域上编制反映保存条件的平面图件。根据区域上页岩气调查程度低、资料稀少的现实情况,提出了基于断裂密度、地层倾角、地层分布状况(埋藏或剥蚀)、距大断裂距离等参数评价页岩气区域构造保存条件的思路,实现了页岩气区域保存指数的定量计算和成图,将区域保存条件加入页岩气的评价工作中,为页岩气"成烃-保存"二元评价工作奠定了坚实的工作基础。

  (3)具有很强的资料性与指导性。富有机质海相页岩分布特征不仅为南方大地构造演化与沉积格局研究提供了翔实的资料,也为该区的页岩气调查提供了最新数据;远景区、有利区图件能够有效指导未来页岩气的选区评价与调查工作。

综上所述,该丛书是在大量野外测量剖面、页岩气调查井、分析化验测试等资料约束下完成的。在此基础上编制了一套区域图件,编图思路新颖、资料丰富、数据翔实、创新性强,具有很强的资料性、实用性与指导性,对我国南方海相页岩气的评价工作具有重要指导意义与推进作用。

中国工程院院士

2022 年 12 月

# 前　言

中国南方上扬子地区发育下寒武统牛蹄塘组和上奥陶统五峰组—下志留统龙马溪组两套下古生界黑色海相页岩层系。这两套页岩层系分布广、厚度大、有机碳含量高，从而成为中国南方页岩气勘探开发的热点层系。与北美地区经历简单的构造抬升、页岩大面积连续分布、埋藏深度适中不同，中国南方上扬子地区牛蹄塘组和五峰组—龙马溪组两套主要的页岩层系沉积后，经历了加里东期（晚震旦世—志留纪）、海西期（泥盆纪—二叠纪）、印支期（三叠纪）、燕山期（侏罗纪—白垩纪）和喜马拉雅期（古近纪—第四纪）构造运动的叠加改造。这些构造运动表现为多期次抬升剥蚀和褶皱、断裂作用，使得中国南方页岩层系构造类型复杂多样、天然裂缝发育。

页岩通常以低孔隙度、特低渗透率为特征，孔隙度一般介于2%～15%之间，基质渗透率介于纳达西级到微达西级之间，因此天然裂缝的发育对富有机质页岩而言具有重要的意义。天然裂缝不仅可以为游离气提供充足的存储空间，并且可以极大地改善页岩的渗流能力，成为游离气的运移通道，此外，天然裂缝也有助于吸附气的解吸，故而天然裂缝对页岩气的富集具有重要的作用。通过对涪陵页岩气田的研究，部分学者发现与位于构造低点的钻井相比，构造高点的钻井明显具有更高的单井产量和地层压力系数，并提出了中国南方典型的页岩气富集模式，即页岩气通过相邻裂缝的阶梯式运移，实现了页岩层内构造高点的气体富集。然而，如果高角度斜交缝发育规模过大，则会使页岩层与非页岩层沟通，从而导致页岩气的泄漏散失，不利于页岩气的保存和富集。因此，除了基本的生烃和储集要素外，保存条件对中国南方复杂构造区页岩气的富集极其重要。

此外，天然裂缝也会影响实现页岩气商业开发所必需的人工水力压裂缝的扩展，最终决定页岩气储层的产量和经济效益。在进行页岩储层压裂时，天然裂缝通过人工裂缝相互连接，形成由天然裂缝和人工裂缝组成的复杂裂缝网络，使得页岩气更容易通过此网络流向井筒。很多学者研究都发现，页岩天然裂缝越发育，产量越高。然而目前一些研究也表明，天然裂缝可能捕获水力压裂液，阻止人工裂缝的扩展，从而影响水力压裂的效果。

同时，上扬子地区四川盆地及周缘从盆外到盆内呈现出不同的构造变形样式，主要由盆外强变形的隔槽式—盆缘中等变形的"槽—档"过渡带—盆内弱变形的隔档式褶皱带所组成，整体表现为渐进式（或递进式）变形特征，变形时间东早西晚，抬升幅度东高西低，变形强度东强西弱,从而导致四川盆地内外不同类型天然裂缝发育程度的差异。而不同类型的天然裂缝具有不同的发育特征,即裂缝倾角、裂缝开度、裂缝长度、裂缝滑移距、裂缝面粗糙度和裂缝密度等裂缝特征参数差异较大。其中一些特征参数,如裂缝开度、裂缝滑移距、裂缝面粗糙度和裂缝密度,对页岩裂缝渗透率影响较大,决定着页岩渗流的大小;而另一些特征参数,如裂缝倾角和裂缝长度,决定着页岩渗流的方向和距离。更加准确地评价这些参数对页岩裂缝渗透率的影响,是评估不同构造变形区页岩渗流能力以及页岩气富集程度的重要步骤。但是,现有的文献仅限于页岩基质渗透率的研究,页岩裂缝渗透率还没有得到充分的研究,以至于对不同类型的天然裂缝对页岩气富集的影响尚不清楚。

涪陵页岩气田五峰组—龙马溪组页岩气商业化生产的成功,使中国南方下古生界海相页岩天然裂缝得到的关注和研究日益增多。然而,目前对页岩天然裂缝的发育特征、控制因素以及其对页岩气渗流和富集的影响还缺乏全面系统的综合研究。因此,笔者通过对钻井岩芯和野外剖面页岩天然裂缝详细地观察、描述和统计分析,并结合相关的实验测试,对中国南方上扬子典型地区下古生界海相页岩不同类型天然裂缝的发育特征及控制因素进行了系统研究。在此基础上,通过页岩裂缝样品的一系列覆压渗透率实验,本书阐明了裂缝特征参数对页岩裂缝渗透率的控制。最后,综合评价了不同类型天然裂缝对页岩气富集的影响,提出了中国南方复杂构造区页岩气富集模式。本书的研究对中国南方不同构造变形区页岩气的勘探具有指导意义。

本书依托"南方典型地区页岩气差异富集条件对比调查""页岩气区域选区评价方法研究""南方典型页岩气富集机理与综合评价参数体系""页岩气储层总孔隙度的定量化表征及预测""焦石坝页岩气储集类型及其形成机理"等项目的成果撰写而成。本书受到了国家自然科学基金、国家科技重大专项的资助,以及中国地质调查局油气资源调查中心、中国石油化工股份有限公司江汉油田分公司等对课题组页岩气研究的一贯支持和长期帮助,笔者在此特致谢意!

我国页岩气研究正在稳步有序地推进,但仍然存在许多争议。希望能通过本书与相关同行专家进行交流,以进一步发展、完善我国页岩气地质理论、方法和技术。同时,由于时间仓促、笔者水平有限,书中的观点或认识难免有不妥甚至错误之处,还望读者批评指正。

著者

2022 年 3 月

# 目 录

**第一章　国内外研究现状** ………………………………………………………（1）
　第一节　页岩天然裂缝发育特征 ………………………………………………（1）
　第二节　页岩天然裂缝发育主控因素 …………………………………………（12）
　第三节　页岩裂缝渗透率影响因素 ……………………………………………（14）
　第四节　页岩气富集影响因素 …………………………………………………（19）

**第二章　地质概况** ………………………………………………………………（23）
　第一节　页岩发育地质背景 ……………………………………………………（23）
　第二节　页岩物质组分 …………………………………………………………（43）

**第三章　页岩天然裂缝发育特征** ……………………………………………（47）
　第一节　宏观裂缝类型 …………………………………………………………（47）
　第二节　宏观裂缝分布特征 ……………………………………………………（56）
　第三节　微观裂缝发育特征 ……………………………………………………（60）

**第四章　页岩天然裂缝发育主控因素** ………………………………………（62）
　第一节　构造因素 ………………………………………………………………（62）
　第二节　非构造因素 ……………………………………………………………（65）

**第五章　页岩裂缝渗透率特征** ………………………………………………（75）
　第一节　页岩裂缝覆压渗透率实验 ……………………………………………（75）
　第二节　页岩裂缝渗透率影响因素及表征 ……………………………………（85）

**第六章　页岩天然裂缝对页岩气富集的影响** ………………………………（97）
　第一节　页岩天然裂缝对页岩气富集的影响分析 ……………………………（97）
　第二节　页岩气富集模式 ………………………………………………………（102）

**第七章　结论与认识** ……………………………………………………………（107）

**主要参考文献** ……………………………………………………………………（110）

# 第一章 国内外研究现状

## 第一节 页岩天然裂缝发育特征

### 一、钻井岩芯页岩天然裂缝发育特征

页岩岩芯天然裂缝发育特征包括裂缝发育程度和裂缝展布规律,由裂缝特征参数和裂缝密度来表征裂缝发育程度,而裂缝展布规律主要是指裂缝在平面上的分布状态(王芳川等,2015)。现有研究认为,裂缝特征参数主要包括裂缝类型、裂缝倾角、裂缝开度、裂缝长度和裂缝充填情况,通过裂缝特征参数计算裂缝密度,进而描述页岩岩芯天然裂缝发育特征(Narr et al.,2006;丁文龙等,2011,2012;龙鹏宇等,2011,2012;Ding et al.,2012,2013;Jiu et al.,2013;Zeng et al.,2013;Gale et al.,2014;王芳川等,2015;岳锋等,2015;陈世悦等,2016;郭旭升等,2016;王濡岳等,2016b,2018a,2018b;Wang et al.,2016;尹帅等,2016;Zeng et al.,2016;朱利锋等,2016;Wang et al.,2017,2018;朱梦月等,2017;范存辉等,2018;舒志恒,2018;王幸蒙等,2018;Zhang et al.,2019a;Gu et al.,2020;Lorenz and Cooper,2020;Zhao et al.,2020;吴建发等,2021)。根据此划分标准,裂缝特征参数中并不包含对页岩裂缝渗透率进而对页岩气渗流有明显影响的裂缝滑移距和裂缝面粗糙度等参数。故而,本书将裂缝滑移距和裂缝面粗糙度等对页岩气渗流起控制作用的参数作为裂缝的渗流参数,裂缝特征参数和裂缝渗流参数综合起来影响页岩气的富集,将裂缝渗流参数划归到原有的裂缝特征参数划分方案中,形成新的页岩裂缝特征参数评价表(表1-1)。

表1-1 页岩裂缝特征参数评价表

| 名称 | 定义 | 类别 | 划分标准 |
|---|---|---|---|
| 裂缝长度 | 裂缝斜截岩芯所得椭圆截面的长轴长度或其在岩芯上的开裂长度 | 短裂缝 | 局限于单层内 |
| | | 长裂缝 | 切穿若干岩层 |
| 裂缝开度 | 裂缝壁间的距离 | 低开度裂缝 | <0.2mm |
| | | 中开度裂缝 | 0.2~0.5mm |
| | | 较高开度裂缝 | 0.5~1.0mm |
| | | 高开度裂缝 | >1.0mm |
| 裂缝倾角 | 单一裂缝所截岩芯平面与水平面间夹角 | 水平缝 | 0°~15° |
| | | 低角度斜交缝 | 15°~45° |
| | | 高角度斜交缝 | 45°~75° |
| | | 垂直缝 | 75°~90° |

续表 1-1

| 名称 | 定义 | 类别 | 划分标准 |
|---|---|---|---|
| 裂缝充填情况 | 裂缝被方解石、黄铁矿、石英、有机质等的充填程度 | 充填类型 | 未充填 |
|  |  |  | 半充填 |
|  |  |  | 全充填 |
| 裂缝密度 | 裂缝的发育程度 | 不发育 |  |
|  |  | 较发育 |  |
|  |  | 发育 |  |
| 裂缝滑移距 | 裂缝两表面相对滑动的距离 | 无滑移 |  |
|  |  | 微滑移 |  |
|  |  | 小滑移 |  |
| 裂缝面粗糙度 | 裂缝表面粗糙程度 | 光滑 |  |
|  |  | 较光滑 |  |
|  |  | 粗糙 |  |

（一）裂缝类型

前人将页岩天然裂缝分为构造缝和非构造缝两大类，其中构造缝又可进一步细分为张裂缝、剪切缝、张剪性裂缝和滑脱缝，非构造缝主要包括层理缝、成岩收缩缝和异常超压缝（丁文龙等，2011；龙鹏宇等，2011，2012；Jiu et al.，2013；Wang et al.，2016；Zeng et al.，2016；Wang et al.，2017，2018；王幸蒙等，2018；Zhang et al.，2019a；Gu et al.，2020；Zhao et al.，2020），不同类型裂缝的发育特征及地质成因均不相同（表1-2）。

表 1-2 页岩裂缝成因分类表

| 裂缝类型 | 亚类 | 发育特征 | 地质成因 |
|---|---|---|---|
| 构造缝 | 张裂缝 | 缝面粗糙不平整，垂直层面层内发育，延伸较短，开度较大 | 垂直于破裂面的拉张应力作用下形成 |
|  | 剪切缝 | 缝面平直，与层面高角度斜交，穿层发育，延伸较长，产状稳定，缝面有时可见擦痕和阶步，指示剪切滑移 | 平行于破裂面的剪切应力作用下形成 |
|  | 张剪性裂缝 | 过渡型裂缝，裂缝特征介于张裂缝和剪切缝之间 | 拉张应力和剪切应力共同作用下形成 |
|  | 滑脱缝 | 多平行层面发育，或与层面低角度相交，缝面常见擦痕、阶步和光滑的镜面特征 | 在伸展或挤压构造作用下，受到顺层的剪切应力作用产生滑脱而形成 |
| 非构造缝 | 层理缝 | 顺层发育，缝面平直光滑 | 由于地层压力释放等作用沿着力学性质薄弱的页理面形成 |
|  | 成岩收缩缝 | 规模小，延伸短，没有方向性，常具有横向多边形网状结构和垂向"V"形结构 | 成岩过程中由于岩石收缩体积减小而形成的裂缝，造成岩石体积收缩的原因包括干缩作用、脱水作用和矿物相变作用 |
|  | 异常超压缝 | 缝面不规则，延伸短，产状不稳定 | 由页岩层内流体的异常高压造成的岩石破裂，异常高压的成因主要包括黏土矿物转化脱水、生烃增压和水热增压等 |

**1. 张裂缝**

张裂缝是在岩石所受的拉张应力超过其抗张强度时形成的,具有位移方向与破裂面垂直的特点(图1-1)。张裂缝缝面一般粗糙不平整,常垂直层面发育,并终止于层面,延伸较短,起到连通顺层裂缝的作用。

**2. 剪切缝**

与其他类型的岩石相比,泥页岩塑性相对较大,岩石易在平行于破裂面和延伸方向的剪切应力作用下发生韧性剪切破裂,形成剪切缝(图1-2)。剪切缝通常缝面平直,产状稳定,与层面高角度斜交,延伸较长,部分剪切缝可切穿泥页岩层延伸至非泥页岩层形成穿层裂缝,破坏页岩气藏。此外,缝面有时可见擦痕和阶步,指示剪切滑移。

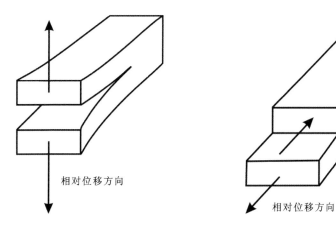

图1-1 张裂缝示意图(据王幸蒙等,2018)　图1-2 剪切缝示意图(据王幸蒙等,2018)

**3. 张剪性裂缝**

张剪性裂缝是由拉张应力和剪切应力共同作用形成的一种过渡型裂缝,因此同时具有张裂缝和剪切缝的特征。

**4. 滑脱缝**

滑脱缝是在伸展或挤压构造作用下,沿着泥页岩层面受到顺层的剪切应力作用产生滑脱而形成的低角度斜交缝(图1-3)。由于层面结构是泥页岩中最基本的岩石结构,也是最为薄弱的力学结构面,所以无论是在拉张盆地还是在挤压盆地中,顺层滑脱缝都是泥页岩中最基本的裂缝类型。它们主要分布在泥页岩层的顶部或者底部,尤其在靠近砂岩层的部位最为发育。缝面常见明显的擦痕、阶步或者光滑的镜面,在地下不易闭合。

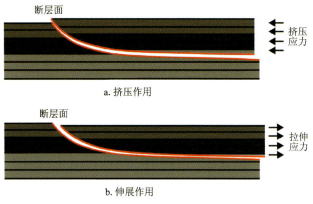

图 1-3　滑脱缝示意图(据王幸蒙等,2018)

**5. 层理缝**

页理面在页岩中极为发育,是由短时间的沉积间断或剥蚀作用而形成的。通常页理面是天然的力学性质薄弱面,并伴随云母等片状矿物的定向排列,在受到地层压力释放等作用时,极易剥离,形成层间页理缝,层理缝是泥页岩中最基本的裂缝类型。此类裂缝顺层分布,缝面平直光滑,与高角度斜交缝相连,可作为油气的储集空间和侧向渗流通道。

**6. 成岩收缩缝**

成岩过程中由于岩石收缩体积减小而形成成岩收缩缝,干缩作用、脱水作用和矿物相变作用是造成岩石体积减小的主要原因。干缩作用是指泥页岩在沉积过程中暴露在地表,由于脱水而形成泥裂。脱水作用是指岩石发生脱水而形成裂缝,发生脱水的原因主要包括上覆沉积物的压实、地层水盐度变化等。例如斑脱岩、蒙脱石等膨胀型黏土矿物在水体盐度增大时,会发生脱水收缩而形成裂缝。与暴露地表的干缩作用不同,脱水作用主要发生在水下或者浅埋藏时期,脱水收缩常形成"鸡笼"状裂缝,具有三维多边形裂缝网络。矿物相变作用也可导致泥页岩体积减小,从而形成成岩收缩缝。例如方解石向白云石转化可使矿物体积减小13%,蒙脱石向伊利石转化时也具有类似的特征。

**7. 异常超压缝**

黏土矿物转化脱水、生烃增压和水热增压等作用都可以使泥页岩在封闭状态下,即存在压力隔层时(例如大套膏盐岩等),形成异常高的流体压力。当流体压力的超压值(大于静水柱压力的部分)等于基质压力值的 1/2 或 1/3 时,即可使岩石破裂,形成异常超压缝。

部分学者认为,中国南方构造活动强烈,褶皱、断层发育,下古生界页岩天然裂缝以构造缝为主(Zeng et al., 2013;Wang et al., 2016;Wang et al., 2017, 2018)。而 Zhang 等(2019a)认为,在沉积过程中,页岩层被上覆沉积物覆盖而产生覆压;在后期构造抬升和剥蚀过程中,覆压减小,页岩内部超压释放,从而沿着大量力学性质薄弱的页理面产生层理缝,使页岩中层理缝最为发育。

## (二)裂缝倾角

切割岩芯的裂缝与垂直岩芯轴平面之间的夹角即为裂缝倾角,裂缝倾角反映了裂缝的发育方向。周文(1998)按裂缝倾角0°～5°、5°～45°、45°～85°、85°～90°将裂缝分为水平缝、低角度斜交缝、高角度斜交缝、垂直缝。但更常见的分类方案是裂缝倾角处于0°～15°为水平缝,裂缝倾角处于15°～45°为低角度斜交缝,裂缝倾角处于45°～75°为高角度斜交缝,裂缝倾角处于75°～90°为垂直缝(付景龙,2014;王芳川等,2015;汪星,2015;吴珂,2015;Wang et al.,2016;Wang et al.,2017,2018;范存辉等,2018)。

付景龙(2014)对黔西北4口下古生界页岩气井岩芯天然裂缝倾角的统计表明(图1-4):仁页1井牛蹄塘组页岩裂缝以水平缝和高角度斜交缝为主,所占比例均为36.31%;仁页2井牛蹄塘组页岩、桐页1井龙马溪组页岩和习页1井龙马溪组页岩裂缝均以水平缝为主,所占比例分别为71.86%、75.83%和66.78%。他认为,页岩岩芯天然裂缝倾角可以间接反映构造活动的强弱程度,仁页1井处于构造活动区,以高角度斜交缝为主;在构造相对稳定,远离大断层的仁页2井、桐页1井和习页1井中高角度斜交缝和垂直缝就不占优势(特别是桐页1井构造最为简单),它们的水平缝在岩芯裂缝中占绝对优势。汪星(2015)对渝东南龙马溪组4口页岩气井岩芯天然裂缝倾角的统计表明(图1-4):YC4井页岩水平缝较多,占47.8%;YC6井和YC7井页岩裂缝以高角度斜交缝为主,分别占39.0%和45.9%;YC8井页岩裂缝以垂直缝为主,占36.1%。他认为,渝东南地区现今构造格局是自燕山期以来先受到北西-南东方向的挤压应力,后燕山晚期又受到扭转应力而形成的,相比于涪陵地区和黔北地区而言,构造活动强度大,所受应力作用强,岩芯裂缝倾角会相应较大。吴珂(2015)对川东焦石坝地区3口龙马溪组页岩气钻井岩芯天然裂缝倾角进行的统计表明(图1-4):3号井以高角度斜交缝为主,

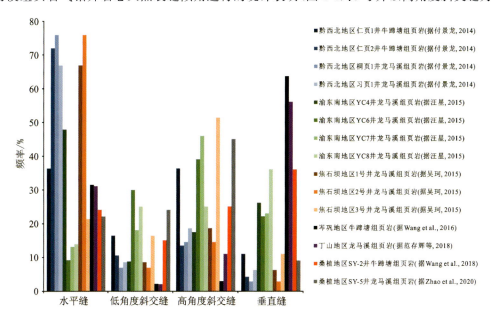

图1-4 上扬子地区页岩岩芯天然裂缝倾角统计图

占51.31%；1号井和2号井水平缝发育，分别占66.78%和75.83%。3号井离断层最近，构造作用较强，高角度斜交缝发育；1号井和2号井处于构造较平缓区，水平缝发育。Wang等（2016）对中国南方岑巩区块CY-1井和TX-1井牛蹄塘组页岩天然裂缝倾角的统计发现：页岩裂缝以垂直缝为主，占63.6%（图1-4）。Wang等（2018）对中国南方桑植区块SY-2井牛蹄塘组页岩天然裂缝倾角的统计表明：页岩裂缝以垂直缝为主，占36%（图1-4）。Zhao等（2020）对中国南方桑植区块SY-5井龙马溪组页岩天然裂缝倾角的统计得出：裂缝以高角度斜交缝为主，占45%（图1-4）。范存辉等（2018）研究了中国南方丁山地区龙马溪组页岩岩芯裂缝倾角发育特征：裂缝以垂直缝为主，占56%（图1-4）。郭旭升等（2016）对涪陵页岩气田焦石坝区块的研究得出：焦石坝南部地区处于断裂带，构造作用强烈，导致焦石坝南部地区相对于焦石坝主体高角度斜交缝更为发育。总之，不同构造变形区页岩天然裂缝倾角差异较大。总体上构造活动强烈的地区，高角度斜交缝发育；构造变形较弱的地区，以水平缝和低角度斜交缝为主。

（三）裂缝开度

裂缝开度定义为裂缝的张开程度，也是指裂缝的宽度，对页岩储层渗流和产能具有重要的意义。王芍川等（2015）按裂缝开度极小（<0.2mm）、裂缝开度较小（0.2～0.5mm）、裂缝开度小（0.5～1.0mm）、裂缝开度一般（1.0～2.0mm）、裂缝开度较大（2.0～4.0mm）、裂缝开度非常大（>4.0mm）对页岩裂缝开度进行了划分。而低开度裂缝（<0.2mm）、中开度裂缝（0.2～0.5mm）、较高开度裂缝（0.5～1.0mm）和高开度裂缝（>1.0mm）则是更为常见的划分方案（付景龙，2014；吴珂，2015；Wang et al.，2016；Wang et al.，2018；Zhao et al.，2020）。

付景龙（2014）对黔西北4口下古生界页岩气井岩芯天然裂缝开度进行了统计（图1-5）：仁页1井牛蹄塘组页岩、仁页2井牛蹄塘组页岩和桐页1井龙马溪组页岩岩芯裂缝开度以较高开度裂缝为主，比例分别为57.14%、53.90%和44.28%。其中，仁页2井裂缝开度最大，开度大于1.0mm的裂缝也占到了43.71%。习页1井龙马溪组页岩岩芯裂缝开度相对较低，以中开度裂缝为主，占总裂缝的57.98%。吴珂（2015）对川东焦石坝地区3口龙马溪组页岩气钻井岩芯天然裂缝开度进行了统计（图1-5），3口钻井页岩岩芯裂缝开度均较大，集中分布在0.5～1.0mm，所占比例：1号井为44.28%，2号为57.14%，3号为56.90%。其中，3号井裂缝开度最大，开度大于1.0 mm的裂缝也占到了40.71%。Wang等（2016）、Wang等（2018）和Zhao等（2020）分别对中国南方岑巩区块CY-1井和TX-1井牛蹄塘组页岩、桑植区块SY-2井牛蹄塘组页岩以及桑植区块SY-5井龙马溪组页岩天然裂缝开度进行的统计表明：裂缝开度均以中开度裂缝为主，所占比例分别为41.6%、50%和70%；其次是较高开度裂缝，所占比例分别为28.3%、34%和16%（图1-5）。此外，Gale等（2014）对北美不同页岩区块钻井岩芯和野外剖面天然裂缝开度进行了统计，结果显示：裂缝开度全部位于0.03～100mm之间，主要集中分布在0.03～1mm之间（图1-6）。总体上，裂缝数量具有随着开度的增加而减少的趋势。裂缝开度的峰值位于0.03～0.05mm（以Barnett页岩、New Albany页岩和Austin Chalk页岩为主）以及0.14～0.95mm（以Marcellus页岩、New Albany页岩和Woodford页岩为主）两个范围内（图1-6）。

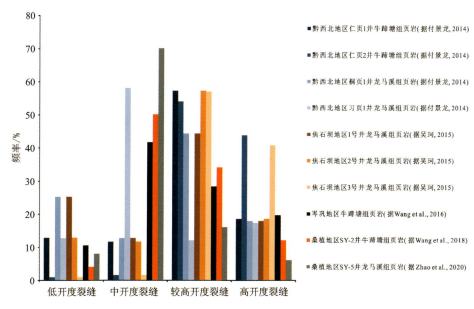

图 1-5 上扬子地区页岩岩芯天然裂缝开度统计图

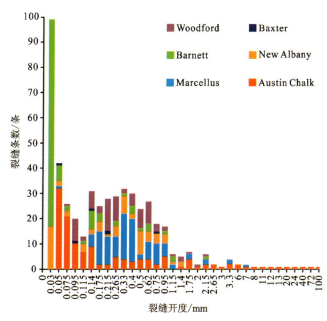

图 1-6 北美地区页岩天然裂缝开度统计图(据 Gale et al.，2014)

(四)裂缝长度

裂缝长度定义为使岩芯发生断裂的裂缝斜截岩芯所得椭圆面的长轴长度,一些没有使岩芯发生断裂的裂缝,其在岩芯上的开裂长度即为裂缝长度(王苏川等,2015)。通常按短裂缝(＜5cm)、中裂缝(5~10cm)和长裂缝(＞10cm)对页岩裂缝长度进行分类(付景龙,2014;汪星,2015;吴珂,2015;Wang et al.，2016；Wang et al.，2017,2018;Zhao et al.，2020)。

付景龙(2014)对黔西北地区4口下古生界页岩气井岩芯天然裂缝长度的统计表明(图1-7):仁页1井牛蹄塘组页岩岩芯裂缝以中、长裂缝为主;仁页2井牛蹄塘组页岩和桐页1井龙马溪组页岩岩芯裂缝以中、短裂缝为主;习页1井龙马溪组页岩,中裂缝占绝对优势。他认为,页岩裂缝的长度可以间接反映页岩层受构造的影响程度。位于鲁班背斜西北翼的仁页1井,地层平缓,但处于逆断层的下盘,受逆断层影响,页岩岩芯以中、长裂缝占绝对优势;位于岩孔背斜轴部的仁页2井,距大断裂较远,但属于构造高点,所以页岩岩芯以中、短裂缝占绝对优势;位于九坝背斜东南翼的桐页1井,地层平缓,构造简单,页岩岩芯以中、短裂缝为主;位于桑木场背斜西北翼的习页1井,受背斜和断裂的综合影响,页岩岩芯以中裂缝为主。汪星(2015)对渝东南龙马溪组4口页岩气井岩芯天然裂缝长度的统计表明(图1-7):YC4井和YC6井以中、短裂缝为主;而YC7井和YC8井相反,以中、长裂缝为主。吴珂(2015)对川东焦石坝地区3口龙马溪组页岩气井岩芯天然裂缝长度进行的统计表明(图1-7):3号井位于断层附近,受断层作用影响较大,裂缝相对较长,主要以中、长裂缝为主;1号井和2号井地层平缓,构造简单,岩芯裂缝以短裂缝为主。Wang等(2016)对中国南方岑巩区块CY-1井和TX-1井牛蹄塘组页岩天然裂缝长度的统计表明:页岩主要发育短裂缝,长度小于5cm的短裂缝占总裂缝的65.4%;其次发育5~10cm的中裂缝,占总裂缝的25.9%(图1-7)。Wang等(2018)对中国南方桑植区块SY-2井牛蹄塘组页岩天然裂缝长度的统计表明:页岩裂缝以中、长裂缝为主,所占比例分别为47%和42%,其中长度大于20cm的裂缝所占的比例高达12%(图1-7)。Zhao等(2020)对中国南方桑植区块SY-5井龙马溪组页岩天然裂缝长度的统计表明:页岩裂缝以中、短裂缝为主,所占比例分别为40%和54%(图1-7)。

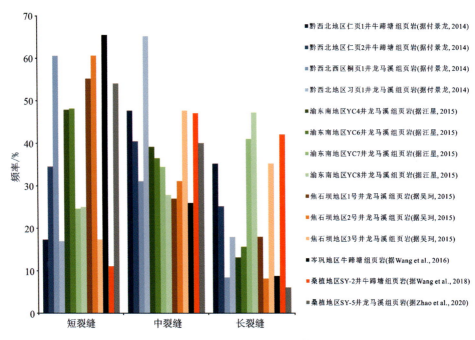

图1-7 上扬子地区页岩岩芯天然裂缝长度统计图

(五)裂缝充填情况

裂缝充填情况是研究裂缝形成期次和裂缝渗流的关键。裂缝充填情况包括充填类型和充填矿物两方面:充填类型分为全充填、半充填和未充填;充填矿物主要包括方解石、黄铁矿、石英、有机质和泥质等(Zeng et al.,2013;付景龙,2014;王芳川等,2015;汪星,2015;吴珂,2015;Wang et al.,2016)。页岩具低孔隙度和极低渗透率的特征,天然开启性裂缝的存在提高了局部页岩地层的孔隙度和渗透率,有利于游离气在页岩层内的运移;但是大型高角度斜交缝的存在,将页岩层与非页岩层沟通,使得页岩气顺其散失,将不利于页岩气藏的保存,此时如果该裂缝被充填,则对游离气的散失起到很好的封堵效果。此外,由于裂缝中的充填物多为方解石和黄铁矿等脆性矿物,因此,当对页岩地层实施水力压裂时,脆性矿物充填的裂缝容易被压裂开,甚至形成大规模连通的裂缝网络,成为页岩气运移到井筒的通道,有利于页岩气藏的开采。由此看来,页岩天然裂缝充填物及充填程度的研究对页岩气运移、保存和开采都具有十分重要的意义。

Zeng 等(2013)对渝东南地区 YY-1 井龙马溪组页岩和 YK-1 井牛蹄塘组页岩岩芯裂缝特征参数进行了统计:YY-1 井以全充填裂缝为主,占 53.15%,其次是未充填裂缝,占 40.81%(图 1-8),充填物以方解石为主,占 87%(图 1-9);YK-1 井以未充填裂缝为主,占 54%,其次是全充填裂缝,占 41%(图 1-8),充填物也是以方解石为主,占 95%(图 1-9)。付景龙(2014)对黔西北地区 4 口下古生界页岩气井岩芯裂缝充填物的统计得出:裂缝充填物主要为方解石、黄铁矿和方解石与黄铁矿同时充填。其中,仁页 1 井牛蹄塘组、桐页 1 井龙马溪组和习页 1 井龙马溪组页岩岩芯裂缝以方解石充填为主,所占比例分别为 81.60%、100.00% 和 88.19%(图 1-9);仁页 2 井牛蹄塘组页岩岩芯裂缝则以黄铁矿充填为主,所占比例为 66.19%(图 1-9)。页岩岩芯充填程度的统计结果表明:仁页 1 井、仁页 2 井和桐页 1 井页岩未充填裂缝发育,分别占裂缝总数的 62.80%、60.48% 和 66.06%(图 1-8);习页 1 井页岩以全充填裂缝为主,占 52.77%,未充填裂缝所占比例也较大,为 45.60%(图 1-8)。该地区未充填裂缝占优势,有利于游离气的运移和吸附气的解吸;半充填和全充填裂缝中为脆性矿物,有利于页岩气井的压裂和开采。汪星(2015)对渝东南地区龙马溪组 4 口钻井页岩岩芯裂缝充填物的统计表明,裂缝主要被方解石充填,所占比例:YC4 井为 55.0%,YC6 井为 100.0%,YC7 井为 96.7%,YC8 井为 97.2%(图 1-9)。裂缝充填类型以全充填为主,所占比例:YC4 井为 78.3%,YC6 井为 92.2%,YC7 井为 95.1%,YC8 井为 91.7%(图 1-8)。吴珂(2015)通过对川东焦石坝地区 3 口龙马溪组页岩钻井岩芯裂缝充填物统计得知,该区页岩裂缝主要被方解石充填,所占比例:1 号井为 88.19%,2 号井为 100.00%,3 号井为 81.60%(图 1-9)。此外,2 号井和 3 号井以未充填裂缝为主,所占比例分别为 66.06% 和 62.80%;1 号井主要为全充填和未充填裂缝,所占比例分别为 52.77% 和 45.60%(图 1-8)。Wang 等(2016)对中国南方岑巩区块 CY-1 井和 TX-1 井牛蹄塘组页岩裂缝充填物统计得出:裂缝以方解石充填为主,占 77.9%;其次是黄铁矿充填,占 11.1%(图 1-9)。范存辉等(2018)对中国南方丁山地区龙马溪组页岩岩芯裂缝充填情况的研究发现:裂缝充填物主要包括方解石、黄铁矿及少量硅质等,以全充填和半充填为主,所占比例分别为 59% 和 23%(图 1-8)。

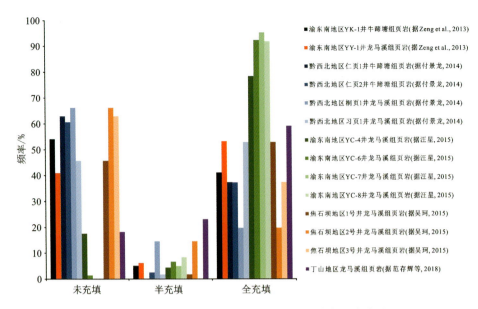

图 1-8 上扬子地区页岩岩芯天然裂缝充填类型统计图

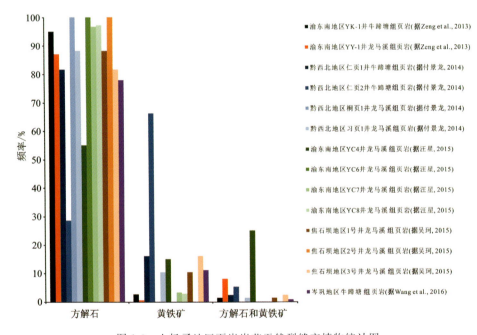

图 1-9 上扬子地区页岩岩芯天然裂缝充填物统计图

(六)裂缝密度

裂缝密度由线密度、面密度和体密度组成。其中,与一直线相交的裂缝条数与该直线长度的比值称为裂缝线密度,反映了裂缝出现的频率;裂缝面密度是指岩芯单位面积上裂缝的累计长度;裂缝体密度是指裂缝总表面积与岩芯体积的比值(Zeng et al.,2013;王芳川等,2015;Wang et al.,2016)。裂缝密度可以直观地反映裂缝的密集状态,是表征裂缝发育程度的重要参数。

Zeng 等(2013)研究发现:渝东南地区 YY-1 井龙马溪组页岩岩芯裂缝发育段,裂缝线密度、面密度、体密度的平均值分别为 40.85 条/m、38.32m/m² 和 22.48m²/m³,最大可达 148/m,116.12m/m² 和 93.07m²/m³;YK-1 井牛蹄塘组页岩裂缝最发育段,平均线密度可达 140/m,最大可达 811/m。Wang 等(2016)、Wang 等(2018)和 Zhao 等(2020)分别对中国南方岑巩区块牛蹄塘组页岩、桑植区块牛蹄塘组页岩、桑植区块龙马溪组页岩岩芯裂缝密度开展的计算也表明了这两个地区页岩天然裂缝十分发育。Zhang 等(2019a)对中国南方上扬子地区下寒武统页岩天然裂缝的研究得出:构造稳定的四川盆地内部,构造缝与层理缝线密度分别为 0.65/m 和 9.5/m;构造强烈的四川盆外雪峰陆内构造变形区,构造缝与层理缝线密度分别为 2.56/m 和 7.42/m。

以上对钻井岩芯页岩天然裂缝描述存在的问题:上述学者仅对所有裂缝整体统计特征参数进行描述,并没有区分不同类型的裂缝,但对不同类型天然裂缝特征参数分别进行了统计分析,而裂缝特征参数本质是由裂缝类型决定,故而导致统计结果并没有明显的规律性;另外,不同类型天然裂缝发育特征不同,从而对页岩气渗流富集的影响也不相同,所以有必要按裂缝类型,对各类型裂缝特征参数分别进行统计分析。而且上述前人统计的裂缝特征参数没有包括对页岩裂缝渗透率有明显影响的裂缝面粗糙度、裂缝滑移距等参数,应加强对此类参数的研究。

## 二、野外剖面页岩天然裂缝发育特征

野外剖面提供了裂缝的原始产状信息,是裂缝研究的第一手资料。垂直取芯不利于在大倾角或垂直裂缝附近取样,特别是大规模裂缝间隔很宽,通常比井筒直径(10cm)大很多时,导致即使地下存在裂缝,岩芯仍会错过很多(Marrett et al.,1999;Ortega et al.,2006;Gale et al.,2014;Hooker et al.,2014)。因此,受岩芯裂缝取样的限制,对野外剖面进行研究显得十分必要。

很多学者对中国南方下古生界页岩野外剖面天然裂缝发育特征进行了大量的研究(龙鹏宇等,2011;久凯等,2012;Zeng et al.,2013;Wang et al.,2016;岳锋等,2016;Zeng et al.,2016;朱利锋等,2016;范存辉等,2018;Wang et al.,2018;Zhao et al.,2020)。总体来说,野外剖面裂缝以构造缝和层理缝为主,根据构造缝的力学成因、形态特征以及其与页岩层的关系,进一步将构造缝分为穿层剪切缝、层内张裂缝和顺层滑脱缝3种类型(Zeng et al.,2016;朱利锋等,2016)。在局部或区域构造应力作用下,剪切应力达到一定程度而使页岩发生破裂,形成高角度剪切缝,这些剪切缝常与断层或褶皱(褶皱核部及两翼均普遍发育)相伴生。形态上剪切缝缝面平直,产状稳定,延伸较远,垂直于层面或与层面大角度相交,并常贯穿多个地层。此类裂缝通常成组出现,各组系相互切割关系明显,指示多期构造运动(久凯等,2012;王濡岳等,2016b;朱利锋等,2016;范存辉等,2018)。页岩中张裂缝规模小,延伸短,多限制在页岩层内,裂缝开度较大,多处于开启状态。中国南方页岩张裂缝主要分布在挤压构造区地层曲率较大的部位(如褶皱核部),由岩层弯曲派生的横向拉张应力而形成,呈发散状。张裂缝与岩层近垂直,产状随岩层弯曲程度变化(久凯等,2012;岳锋等,2016;朱利锋等,

2016;范存辉等,2018)。顺层滑脱缝成因与低角度剪切缝一致,由顺层剪切作用或层间差异滑动产生的剪切应力作用而形成。此类裂缝常具有镜面特征,并伴有明显的擦痕、阶步等,但位移一般不大(朱利锋等,2016)。由页状或薄片状层理构造组成的页岩抗风化能力较弱,出露地表遭受长期的风化、淋滤和剥蚀等作用,易沿层理面和已有断裂面发生物理与化学性破碎,从而形成大量风化裂缝(王濡岳等,2016b)。

以上对野外剖面页岩天然裂缝描述存在的问题:上述学者仅对野外剖面页岩裂缝进行定性评价,并没有进行定量测量。国外一些学者提出了裂缝定量评价的测线方法(Narr and Suppe, 1991; Marrett et al., 1999; Ortega et al., 2006; Hooker et al., 2013, 2014; Carminati et al., 2014; Gale et al., 2014; Ghosh et al., 2018),选取连续出露且层边界清晰的野外剖面,在每一层中平行于层面拉测线,统计垂直于该测线构造缝(大多数构造缝垂直于层面)的类型、数量、长度、开度、间隔以及测线的长度,进一步计算该特定岩层内裂缝的线密度并测量相应的层厚。

## 第二节 页岩天然裂缝发育主控因素

前人对页岩裂缝发育的控制因素已做过大量的研究,总体来说包括构造因素和非构造因素,它们分别是控制页岩天然裂缝发育的外因和内因(Narr et al.,2006;丁文龙等,2011,2012;龙鹏宇等,2011,2012;Ding et al., 2012, 2013; Jiu et al., 2013; Zeng et al., 2013; Gale et al., 2014;王芃川等,2015;岳锋等,2015;陈世悦等,2016;郭旭升等,2016;王濡岳等,2016b,2018a,2018b;Wang et al., 2016;尹帅等,2016;Zeng et al., 2016;朱利锋等,2016; Wang et al., 2017, 2018;朱梦月等,2017;范存辉等,2018;舒志恒,2018;王幸蒙等,2018; Zhang et al., 2019a; Gu et al., 2020; Lorenz and Cooper, 2020; Zhao et al., 2020;吴建发等, 2021)。构造作用影响构造缝的发育,构造缝在构造应力集中和释放的过程中形成。影响裂缝发育的非构造因素主要包括岩性、矿物成分、岩石力学性质、TOC含量以及页岩层厚。

### 一、构造因素

构造因素主要包括构造应力大小、方向以及构造部位。构造应力是影响构造缝形成的关键外部因素之一,构造缝的发育和分布受其大小与方向控制。在构造应力大于岩石极限强度时,构造缝产生,应力越大,裂缝发育程度越高。此外,在同等应力值变化区间内,应力变化梯度较大的地区产生裂缝的概率较大。例如地层产状急剧变化的部位,包括断层的外凸区、转换带、不同断层的交会处,褶皱构造转折端以及洼陷的斜坡与平缓底部的过渡带等,为应力变化梯度较大的地区。这些地区岩层变形比较强烈,页岩构造缝发育(Ding et al., 2012, 2013; Zeng et al., 2013; Wang et al., 2016; Wang et al., 2017)。

在地质背景相似的条件下,脆性页岩裂缝发育程度与断层和褶皱关系密切。页岩地层离断层越近裂缝越发育,裂缝密度越大,远离断层则正好相反。在岩性条件一致时,断层的规模和活动强度对裂缝发育程度有较大影响,断层规模越大,活动越强烈则越容易产生裂缝。岳锋等(2015)、方辉煌(2016)、Zeng等(2016)、付常青(2017)以及范存辉等(2018)对川东南页岩野外剖面的观察得出,断层对裂缝发育的影响主要表现在:①在断层两侧,相比于下盘,上盘变形程度更大,从而导致上盘裂缝发育程度通常比下盘裂缝发育程度更高;②在断层同一侧,随着距断层距离的增加,断层的影响变小,裂缝发育程度降低;③相比于下盘,断层对上盘裂缝的发育具有更远的影响范围。裂缝发育程度在褶皱部位与距褶皱轴面的距离呈相反关系,距离越远,裂缝越不发育;反之,则裂缝越发育。郭旭升等(2016)对中国南方涪陵页岩气田五峰组—龙马溪组页岩裂缝的研究得出:焦石坝背斜边缘和西南部断裂发育,位于此区域的页岩气井,构造缝发育规模更大,密度更高。Wang 等(2016)和 Wang 等(2017)研究发现:在中国南方岑巩区块,与 TX-1 井相比,CY-1 井下寒武统页岩更靠近断裂带,具有相对更高的裂缝密度。此外,褶皱是中国南方挤压构造区常见的变形构造,如上所述,褶皱不同部位,由于变形程度不同,断裂密度也不相同。一般来说,在构造曲率较大的位置,裂缝较为发育,而且,页岩具有较高的塑性,在褶皱过程中容易弯曲变形,形成顺层滑脱缝。

## 二、非构造因素

(一) 总有机碳含量

前人研究表明,总有机碳(TOC)含量高的页岩具有更加明显的页理(Ding et al., 2013; Ghosh et al., 2018)。页理面为在沉积期水体环境能量极低的情况下,漂浮在水体中的细微泥质物缓慢沉积并叠加压实所形成的具有剥离线理和水平层理的纹层面,呈一系列薄层页状产出。页岩中页理面为力学性质薄弱面,极易剥离,形成层间页理缝,层间页理缝在页理发育的页岩中极为常见。另外,在剪切应力的作用下页岩亦可沿页理面发生滑动破裂,形成低角度滑脱缝。故而,页理的发育程度对页理缝及滑脱缝的形成都有重要影响。也就是说,高 TOC 含量页岩,页理发育更容易形成页理缝和滑脱缝。更加重要的是,高 TOC 含量页岩在热演化过程中生成大量气体,增加了对围岩的压力,从而提升了岩石在外部应力作用下破裂和破碎的可能性(Jiu et al., 2013; Zeng et al., 2013; Luo et al., 2016)。同时,高 TOC 含量页岩在生烃过程中也会产生更多有机孔隙和溶蚀孔隙,增加了页岩孔隙数量,从而降低了页岩内部结构的稳定性(Gu et al., 2020),使页岩更容易破裂。此外,许多研究还发现,中国南方下古生界海相页岩中的石英主要是生物成因,硅质矿物主要来自放射虫、硅藻和海绵骨针等生物硅质骨架,这些生物也是形成有机碳的物质来源,促进了有机碳的富集,因此,这类海相页岩中 TOC 含量与石英含量之间存在较好的正相关性(王淑芳等,2014; Wu et al., 2016; Wu et al., 2017)。在美国 Fort Worth 盆地 Barnett 页岩(Jarvie et al., 2007)和加拿大 Horn River 盆地泥盆纪页岩(Chalmers et al., 2012)中也发现了类似的相关关系。也就是说,TOC 含量与石英含量呈正相关关系,表明高 TOC 含量页岩具有高的脆性度,易在外力作用下产生更多的构造缝。

上述分析解释了页岩中高 TOC 含量对应于高裂缝发育的原因。然而 Wang 等(2016)对中国南方岑巩区块 CY-1 井和 TX-1 井牛蹄塘组页岩天然裂缝的研究发现:在 TOC 含量小于 6.5% 的页岩中 TOC 含量与裂缝密度之间呈正相关关系;当页岩 TOC 含量大于 6.5% 时,TOC 含量与裂缝密度之间呈负相关关系。他们进一步研究发现:当页岩 TOC 含量超过

6.5%时,孔隙度和杨氏模量都与TOC含量之间呈负相关关系,类似于美国的Marcellus页岩和中国东部的二叠纪页岩(Milliken et al.,2013;Pan et al.,2015)。也就是说,当TOC含量超过一定值时,页岩更容易被压实且脆性度降低,不利于裂缝的发育。

### (二)页岩矿物成分

岩性和页岩矿物成分对裂缝发育的影响主要是通过它们对岩石力学性质的影响来实现的。页岩矿物成分主要包括石英、长石、方解石、白云石、黄铁矿和黏土矿物等。普遍的观点认为:页岩中含有较高含量的脆性矿物,如石英、长石和碳酸盐矿物(方解石和白云石),对应高的杨氏模量和低的泊松比,具有高的脆性度,因此,在外部应力作用下,更容易形成天然构造缝和人工诱导缝(Ding et al.,2012;Jiu et al.,2013;Gale et al.,2014;Wang et al.,2016;Zeng et al.,2016;Wang et al.,2017,2018;Ghosh et al.,2018;Zhang et al.,2019a;Zhao et al.,2020)。杨氏模量、剪切模量、体积模量和泊松比是描述岩石力学性质的主要参数,它们分别反映了岩石的抗拉强度、抗剪强度、抗压强度和横向变形,这些参数均可由高温高压岩石三轴力学实验获得。在应力超过岩石的强度极限时,岩石就会发生张裂和剪裂两种类型的破裂。在同一构造应力场中,页岩发生破裂产生裂缝的程度与页岩力学性质参数密切相关。另外,中国南方下古生界海相页岩中,TOC含量与石英含量有着密不可分的关系,高石英含量页岩通常伴有高TOC含量,表明石英对天然裂缝发育的影响本质上与有机碳一致,两者相互促进,共同影响天然裂缝的发育。

### (三)页岩层厚

Bogdonov(1947)首次提出了天然裂缝密度随着岩层厚度减小而增大(即裂缝间距随着岩层厚度减小而减小)的观点,随后许多学者证实了这一观点(Ladeira and Price,1981;Huang and Angelier,1989;Narr,1991;Narr and Suppe,1991;Gross,1993;Mandal et al.,1994;Wu and Pollard,1995;Becker and Gross,1996;Ji and Saruwatari,1998;岳锋等,2015;方辉煌,2016;Wang et al.,2017;Ghosh et al.,2018)。这里的岩层指的是一套岩石力学行为相近或者岩石力学性质相一致的岩石力学层,与岩性层不同。对于砂岩而言,岩石力学层通常就是岩性层。由于页岩在沉积过程中常缺乏明显连续的沉积界面,因此对页岩岩石力学层的划分较为困难。但是,以上学者只是观察到了裂缝密度随着岩层厚度的减小而增大这一现象,并没有分析其本质原因。

## 第三节 页岩裂缝渗透率影响因素

天然裂缝作为主要的流动通道和重要的存储空间,对页岩气的分布及富集具有重要的作用。因此,厘清不同类型天然裂缝对页岩气渗流的影响,为后续进行中国南方复杂构造背景下页岩气富集模式的评价奠定了基础。通过对页岩标准岩芯柱进行人工造缝,然后在单一变量原则下,改变对渗透率有影响的各项裂缝特征参数,如裂缝面粗糙度、裂缝滑移距、裂缝开度和裂缝条数等,同时进行覆压渗透率测试,分析各特征参数对页岩裂缝渗透率的影响,找出各特征参数与页岩裂缝渗透率之间的定量关系,建立页岩裂缝渗透率综合表征方程,并结合实际的各类型天然裂缝发育特征,明确不同类型天然裂缝对页岩裂缝渗透率以及页岩气渗流的控制机理。

## 一、沉积层理

页岩区别于其他沉积岩的一个显著特征是页岩具有较发育的页理,而发育的页理对页岩渗透率具有重要的影响。泥页岩中的片状黏土矿物随着泥页岩压实作用的进行趋于平行岩层面定向排列,并反复叠加、发生塑性变形,形成极好的页理面,致使顺层方向的渗透率增大(胡东风等,2014)。Pathi(2008)通过对西加拿大沉积盆地硅质和钙质页岩的研究得出:平行层理方向的渗透率比垂直层理方向的渗透率大2~4个数量级。通过对中国台湾Chelungpu断层泥质粉砂岩的研究,Chen等(2009)得出:平行层理方向的渗透率比与层理相交30°或60°方向的渗透率大1~2个数量级。Kwon等(2004)还发现:美国Wilcox页岩在3MPa有效压力下平行层理方向测得的渗透率比垂直层理方向测得的渗透率大1个数量级左右,并且渗透率各向异性在低有效压力下更为明显。JY4井五峰组—龙马溪组岩芯样品不同方向渗透率测试显示:顺层方向的渗透率远大于垂直层理方向的渗透率,顺层渗透率为垂向渗透率的2~8倍(胡东风等,2014)。经四川盆地及其周缘XX2井五峰组—龙马溪组页岩19组样品分析得出:平均水平渗透率是垂直渗透率的3.7倍,其中,水平渗透率平均值为$0.567\,8\times10^{-3}\,\mu m^2$,垂直渗透率平均值为$0.153\,9\times10^{-3}\,\mu m^2$(魏志红,2015)。张士万等(2014)也研究得出:焦页X井7块样品垂直渗透率远小于水平渗透率,垂直渗透率平均值为$0.003\,2\times10^{-3}\,\mu m^2$,普遍小于$0.01\times10^{-3}\,\mu m^2$,而对应相同深度的水平渗透率平均值为$1.33\times10^{-3}\,\mu m^2$,普遍大于$0.01\times10^{-3}\,\mu m^2$,二者相差超过3个数量级。上述研究结果都表明:水平页理的发育改善了页岩储层的水平渗流能力。

此外,任影(2017)将3组同一深度具有明显沉积层理的龙马溪组页岩,分别沿垂直层理方向、平行层理方向和与层理相交45°方向加工成长度4.5~5cm、直径2.5cm的标准柱状样品(图1-10),进行气测渗透率-有效应力关系实验。实验结果表明:相同条件下平行层理方向,层理缝与气体流动方向平行,有利于气体流动,使得该方向气测渗透率较大;而垂直层理方向,层理缝与气体流动方向垂直,对气体流动无明显影响,导致气测渗透率偏小。但是随着有效应力增大,页岩气测渗透率逐渐减小,并且平行层理方向气测渗透率随有效应力的变化更为敏感。平行层理方向应力敏感性更强也被张烨等(2015)所证实。张烨等(2015)对龙马溪组页岩进行应力敏感性测试,发现当有效应力由2MPa上升到6MPa时,平行层理方向和垂直层理方向页岩均表现出强应力敏感性,渗透率均下降一个数量级,损失达到90%以上;当有效应力增至10MPa时,垂直层理方向页岩渗透率由$0.01\times10^{-3}\,\mu m^2$降至$0.001\times10^{-3}\,\mu m^2$,仅下降1个数量级,而平行层理方向页岩渗透率由$0.01\times10^{-3}\,\mu m^2$降至$1\times10^{-7}\,\mu m^2$甚至$1\times10^{-8}\,\mu m^2$,下降2~3个数量级,应力敏感性更强。张烨等(2015)认为平行层理方向页岩渗透率变化较大的原因源于沉积层理,随围压升高,层理微裂缝闭合度增加,导致渗透率大幅度减小。

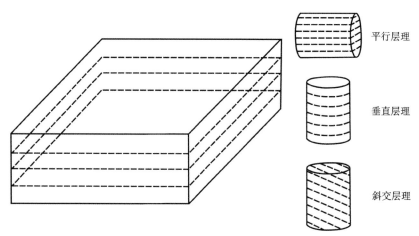

图 1-10　页岩不同层理方向取样示意图(据任影,2017)

首先对平行层理方向和垂直层理方向的页岩标准柱状样品进行覆压渗透率测试,确认沉积层理是否会使页岩渗透率得到改善,若得到改善会改善多少;其次对岩芯柱进行人工劈裂,沿中心长轴形成一条完整的贯穿裂缝;然后使裂缝闭合,在相同条件下进行覆压渗透率实验,并与基质渗透率进行对比,明确裂缝对页岩渗透率的改善程度;最后来验证与沉积层理或者微裂缝相比,宏观裂缝才是控制页岩气渗流的主要因素这一想法。

## 二、有效压力

David 等(1994)提出了描述有效压力和渗透率之间关系的指数方程:

$$K = K_0 \exp[-\gamma(P_e - P_0)] \tag{1-1}$$

式中:$K$ 为有效压力 $P_e$ 下的岩石渗透率;$K_0$ 为大气压力 $P_0$ 下的岩石渗透率,$P_0$ 取 0.1MPa;$\gamma$ 为压力敏感系数,$\gamma$ 值越高,岩石渗透率 $K$ 随着有效压力 $P_e$ 的增加下降得越快。

相反,Shi 和 Wang(1986)指出,有效压力与岩石渗透率之间应遵循幂函数关系:

$$K = K_0 (P_e / P_0)^{-p} \tag{1-2}$$

式中:$p$ 为岩石常数,$p$ 值越高,岩石渗透率压力敏感性越强。

Dong 等(2010)研究中国台湾 Chelungpu 断层细砂岩和粉砂质页岩得出:相比于指数关系,幂函数对数据点的拟合效果更好。然而有些学者则更倾向于用指数函数拟合有效压力与渗透率之间的关系,并且也得到了比较好的拟合效果(Zhang et al.,2015a,2015b,2016)。

## 三、裂缝面粗糙度

天然裂缝的两表面并不是光滑平整的,而是粗糙不平、极不规则的,并且地层中的天然裂缝两表面是由微凸体相互支撑部分接触的。表面形态的极不规则和接触方式的复杂性对裂缝的形变规律有很大的影响,而裂缝两表面间那些形状各异、大小不一的随机空隙成为流体的流动通道,从而对裂缝内流体的流动规律起决定作用。因此,要深入地分析裂缝渗透率控制因素,就应该从分析裂缝面的形态入手(张仕强等,1998)。岩石裂缝面粗糙度可以通过测量裂缝面分形维数来进行表征(张亚衡等,2005)。立方体覆盖法被认为是直接确定裂缝面分形维数的可靠方法(周宏伟等,2000;Zhou and Xie,2003)。不管采用何种分形几何手段去研究岩石裂缝面形态,要做的第一步就是先将裂缝面进行三维形貌特征扫描,将裂缝面的所有特征先进行数字化以后,才能进一步研究裂缝面的形态特征。Kassis 和 Sondergeld(2010)和 Guo 等(2013)使用激光轮廓仪得到页岩裂缝面三维形貌图,然后采集样品的扫描实验数据,将立方体覆盖法的计算过程编写成程序,建立立方体总数 $N(\delta)$ 与尺度 $\delta$ 之间的关系,进而拟合得到裂缝面分形维数。研究结果表明:分形维数越大,页岩裂缝面越粗糙,相应的渗透率越大。

### 四、裂缝滑移

当裂缝两表面发生轻微滑移时,缝隙发生位移,切合面的凸起支撑也发生错动,裂缝两表面相对滑移距越大,接触面越粗糙,渗透率越大。而发生滑移的裂缝在有效应力升高时没有按照裂缝原始开启的方式闭合,不同位置的凸起相互支撑,因此,出现比较大的渗透率值,从而降低了裂缝的应力敏感性(端祥刚等,2017)。Kassis 和 Sondergeld(2010)、Guo 等(2013)通过在页岩样品的两端面贴置铜箔片来定量模拟裂缝滑移(图1-11),将0.05mm厚的铜箔片贴置在垂直于裂缝面的相对端面上,伴随着铜箔片数量从1~5片逐渐增加分别进行覆压渗透率实验,分析不同滑移距条件下的裂缝渗透率-压力关系,其中裂缝滑移距被认为是所使用的铜箔片厚度总和。例如两端面分别贴置2片铜箔片来模拟裂缝滑移时,总的滑移距则为0.10mm。实验结果表明:裂缝滑移极大地改善了裂缝渗透率,裂缝渗透率随着裂缝滑移距的增加而增大,裂缝两侧的相对移动导致裂缝面不再重合,不同位置的微凸体相互支撑,增加了裂缝开度,进而导致裂缝渗透率的增大;但是由于裂缝面形貌的复杂性和多样性,裂缝开度不随裂缝滑移距的增加而单调增大。因此,裂缝渗透率和裂缝滑移距之间没有确定的定量关系。此外,随着围压的增加,滑移裂缝渗透率显著减小,但是在相同围压条件下,滑移裂缝渗透率始终高于无滑移裂缝渗透率。

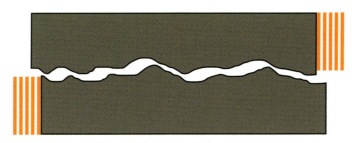

图1-11 模拟裂缝滑移示意图(据 Guo et al., 2013)

### 五、裂缝开度

裂缝开度是决定裂缝渗透率最为根本的因素,其他因素对裂缝渗透率的影响基本上可以归因于裂缝开度的变化。1951年苏联学者 Ломизе 对大量裂隙水流运动的实验结果进行分析,得到"局部立方定律"(LCL),即单宽流量与裂隙开度的立方成正比。其中开度的立方会放大任何微小的开度变化,因此开度的压力依赖性控制着有效裂缝渗透率。赵立翠等(2013)选取3块页岩样品,人工造缝进行应力敏感实验,3块样品裂缝开启程度均不相同。实验结果表明:岩样裂缝越发育,开启程度越大,初始渗透率就越高,但是应力敏感对渗透率造成的损伤程度越大。张义等(2006)也指出:升压过程初期的低有效应力阶段,裂缝开度决定渗透率降低的速度,越大的裂缝两表面间的空间越大,就越容易闭合。随着有效应力持续增大,虽然高渗岩芯渗透率在升压初期下降的趋势比低渗岩芯快,但是低渗岩芯渗透率的下降幅度大于高渗岩芯。无论是中小型微裂缝还是大型裂缝,裂缝两表面间的空间都会随着有效应力的增加而逐渐变小,接触面逐渐增大,最终裂缝的闭合会趋于一个稳定值。这一稳定值的大小,即最终渗透率的大小,由裂缝两壁面的不整合性决定。高渗岩芯的不整合性强于低渗岩芯,因此高渗岩芯渗透率的下降幅度就小于低渗岩芯。

但是,至今还没有学者定量研究过页岩裂缝开度与裂缝渗透率之间的关系。杨决算和侯杰(2017)对页岩岩芯柱进行人工造缝,并在其中一侧岩芯裂缝表面沿长轴方向两侧边缘垫置不同厚度的铝箔(图1-12),模拟10~100μm不同开度的裂缝。本书参考了杨决算和侯杰(2017)模拟裂缝开度的方法,通过在光滑裂缝某一壁面两侧垫置铜箔片,并且依次增加铜箔片数量来模拟不同裂缝开度,进而进行覆压渗透率实验,定量分析了裂缝开度对页岩裂缝渗透率的影响。

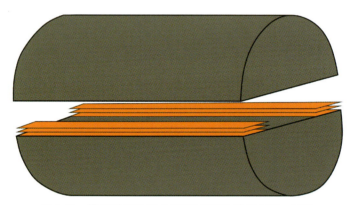

图1-12 模拟裂缝开度示意图(据杨决算和侯杰,2017)

### 六、裂缝密度

在不同构造变形区,各类型天然裂缝密度发育差别很大,因此裂缝密度对页岩裂缝渗透率影响的研究是分析不同类型天然裂缝渗透率特征的基础。目前还没有学者专门针对不同裂缝密度的页岩进行渗透率实验研究。本书采用线切割人工造缝,力图形成不同条数的相同形态,即相同粗糙度的裂缝,进而针对不同条数的裂缝进行覆压渗透率实验,分析裂缝条数或裂缝密度对页岩裂缝渗透率的影响。

以上对页岩裂缝渗透率影响因素研究存在的问题:前人针对裂缝面粗糙度、裂缝滑移距、裂缝开度和裂缝密度等对页岩裂缝渗透率影响的研究,都是针对在页岩水力压裂过程中如何使人工压裂缝更为有效而言的,并没有结合天然裂缝的发育特征,分析不同类型天然裂缝对页岩渗透率的影响。本书针对不同类型天然裂缝表面粗糙度、裂缝滑移距、裂缝开度和裂缝密度等参数的差异，结合此类参数对页岩裂缝渗透率影响的实验结果，探索出不同类型天然裂缝对页岩渗透率的影响，为后续进行中国南方不同构造区页岩气富集模式的评价打下了基础。

## 第四节 页岩气富集影响因素

与北美地区经历简单的构造抬升、页岩大面积连续分布、埋藏深度适中不同，多期次抬升剥蚀、褶皱变形和断裂切割作用使得中国南方上扬子地区下古生界海相页岩层系构造变形复杂、构造类型多样。基于中国南方特殊的高陡构造背景，部分学者提出了中国南方海相页岩气成藏富集模式，包括"二元富集"理论（郭旭升，2014a）、"三元富集"理论（王志刚，2015）、"源-盖控藏富集"理论（聂海宽等，2016）、"三因素控藏"理论（方志雄和何希鹏，2016）等。上述理论的核心均强调了中国南方复杂地质背景下页岩气成藏富集的3个基础条件——生烃条件、储集条件和保存条件，分别对应沉积环境、储层特征以及后期构造变形强度。其中，保存条件是中国南方页岩气成藏富集的关键因素，也是与北美页岩气成藏富集的主要区别。因此，下文重点从保存条件的角度介绍其对中国南方页岩气富集的影响，页岩气保存条件的研究需要综合考虑区域盖层条件和顶、底板条件及构造运动（包括抬升剥蚀作用、断裂作用、构造样式）（郭旭升，2014b；胡东风等，2014；王濡岳等，2016a）。此外，页岩气富集影响因素的研究还应考虑页岩气运移，页岩气运移决定着页岩气富集的位置。

### 一、区域盖层条件

页岩地层自生自储的特点使其自身具有一定的封盖保存能力，且随着埋深与上覆压力的增加，页岩的渗透率急剧降低，因此在深埋条件下，泥页岩渗透率极低，具有一定的自封闭性。但对于中国南方复杂构造区页岩层系，多期次构造演化和抬升剥蚀使盖层条件变得尤为重要。页岩气盖层分为区域盖层和直接盖层（顶、底板盖层）。

区域盖层主要是指位于含气页岩层系直接盖层之上的各种泥页岩、膏盐岩地层，区域盖层对于含气页岩层系虽然没有起到直接的封盖作用，但是对于维持其下伏地层构造形态的稳定以及温压体系具有重要的意义。区域盖层封闭能力的评价包括其厚度、横向连续性、物性条件以及是否具有时效性。时效性即盖层形成的时间，只有与页岩气藏形成时间匹配良好的盖层才是有效盖层，而页岩气藏破坏后形成的盖层对页岩气藏而言已失去了封盖意义。牛蹄塘组和五峰组—龙马溪组页岩主生气期为中侏罗世—晚白垩世，此时页岩气层埋深最大，地层压力达到最高值，页岩气将通过压力差不同程度地向外逸散。在此阶段，牛蹄塘组页岩的区域盖层为九门冲组之上总厚度大于800m的变马冲组—杷榔组泥页岩，其深埋于地下，没有遭到破坏，能够有效阻止页岩气向外逸散（王濡岳等，2016a）。五峰组—龙马溪组页岩的区域盖层为龙马溪组之上小河坝组—韩家店组深灰色和灰色、灰绿色泥岩、粉砂质泥岩、泥质粉砂岩，其分布面积广泛，累计厚度大，厚度一般在600~800m之间，孔隙度、渗透率低，封闭能力稳定，封盖面积大，是一套良好的区域盖层。此外，三叠系膏盐岩层厚度主要介于70~250m

之间,局部地区厚度大于500m,孔隙度一般小于2%,渗透率一般小于$0.01\times10^{-3}\mu m^2$,突破压力一般大于60MPa,是另一套良好的区域盖层(郭旭升,2014b)。

## 二、顶、底板条件

页岩顶、底板是指与页岩含气层直接接触的岩层,顶板为气层之上的岩层,底板为气层之下的岩层。顶、底板直接与页岩气层相接触,最直接的作用是对页岩气的封存。良好的顶、底板不仅可以减缓页岩气的逸散,在压裂改造时也可以避免人工裂缝与高渗透性或含水地层沟通,降低页岩储层改造的风险。因此,顶、底板性质好坏决定了其对页岩气的保存能力。一些致密岩层都可作为顶、底板盖层,如泥页岩、致密砂岩、碳酸盐岩、膏盐岩等。岑巩地区牛蹄塘组页岩顶板为上覆九门冲组灰岩-泥页岩组合(厚度为30~40m,孔隙度为0.5%~1.0%,渗透率为$0.000\,199\times10^{-3}\sim0.042\,500\times10^{-3}\mu m^2$),底板为下伏老堡组硅质泥岩(厚度为30~50m,孔隙度为0.86%~1.38%,渗透率普遍低于$0.005\times10^{-3}\mu m^2$)(王濡岳等,2016a)。涪陵地区五峰组—龙马溪组页岩顶板为龙马溪组上段深灰色粉砂岩(厚度为50m左右,孔隙度平均为2.4%,渗透率平均为$0.001\,6\times10^{-3}\mu m^2$,突破压力为69.8~71.2MPa),底板为临湘组灰色含泥瘤状灰岩(厚度为30~40m,孔隙度平均为1.58%,渗透率平均为$0.001\,7\times10^{-3}\mu m^2$,突破压力为64.5~70.4MPa)(郭旭升,2014b)。总体来看,顶、底板厚度大,展布稳定,岩性致密,突破压力高,封隔性好。

## 三、构造运动

### (一)抬升剥蚀作用

如果在油气大量生成、排烃之后发生地层的抬升剥蚀,后期再无生烃补给,这种抬升剥蚀无疑对油气保存极为不利。抬升剥蚀作用一方面会使油气的生成停滞,另一方面会使含气页岩层段之上的直接盖层和区域盖层减薄或者剥蚀,导致上覆压力变小,从而使页岩气突破盖层向上逸散。在此过程中,游离气首先发生逸散,伴随页岩气层压力的下降,吸附气进一步解吸,从而造成总含气量的降低(郭旭升,2014b)。此外,抬升剥蚀作用可能使页岩气层和盖层发生脆性破裂或使已形成的断裂变为开启状态,导致泥页岩自身的封堵性能和盖层的封闭能力降低(郭旭升,2014b)。

上扬子地区牛蹄塘组和五峰组—龙马溪组页岩经历了长期构造演化,具有"早期小幅抬升、长期相对稳定、后期强烈改造"的特点,尤其是燕山晚期以来,研究区处于持续构造抬升阶段,页岩地层由最大埋深抬升至目前的埋深。此阶段由于地层抬升,生烃作用基本停止,之后受燕山晚期到喜马拉雅期构造活动的影响,地层发生挤压隆升变形(王濡岳等,2016a)。另外,上扬子地区自四川盆地内部向盆外,构造改造时间逐渐变早,这会造成抬升晚的地区较抬升早的地区一方面页岩气藏有大量的页岩气继续生成补给,另一方面页岩气散失的时间相对较短,同样的散失条件下,含气丰度相对较高。因此,研究区内燕山晚期—喜马拉雅期抬升剥蚀作用起始时间越早,页岩气藏破坏时间就越长,对页岩气后期的保存就越不利(郭旭升,2014b)。

## (二)断裂作用

断层和裂缝是断裂作用在不同尺度(分别为大尺度和小尺度)上的表现形式,其发育程度和规模是影响页岩含气量和页岩气聚集的主要因素,并决定页岩渗透率的大小以及控制页岩孔隙的连通程度,对页岩气富集具有双重作用。一方面,断层和裂缝不仅可以为页岩气提供充足的存储空间,并且可以极大地改善页岩的渗流能力,成为页岩气的运移通道,对页岩气的富集具有积极的作用;另一方面,断层与裂缝发育规模过大,会导致页岩气的过早散失,不利于页岩气的保存与富集。断层对页岩气破坏作用表现在:"通天"断层可断穿上部区域盖层,成为页岩气散失和大气水下渗的通道;断穿页岩气层的开启性断层连通高渗透层,也可造成页岩气向低势区运移而使含气量减少。裂缝对页岩气破坏作用表现在:高角度斜交缝如果发育规模过大,会将页岩层与高渗透层沟通;低角度斜交缝的发育对页岩侧向渗透率改善效果显著,但如果与"通天"断层或与高渗透层相连的开启性断层沟通,也将不利于页岩气的保存与富集(胡东风等,2014;王濡岳等,2016a)。

## (三)构造样式

不同构造样式地层的褶皱变形、破裂程度、剥蚀程度、渗流和扩散作用存在差异,造成保存条件以及对页岩气富集影响的不同。构造改造弱的构造样式对页岩气保存最为有利,而构造改造强的构造样式对页岩气保存不利。整体上,以下构造样式对页岩气的保存较为有利:①低-微幅度构造样式;②断层不发育或断层封闭性较好,或断层封挡的断下盘;③相对远离露头区或地层缺失区。如果页岩气层段出露或缺失,向出露区或缺失区方向由于埋深变浅,页岩渗透率逐渐增大,页岩气扩散、渗流作用增强,页岩气就易于顺层运移而散失,因而远离露头或缺失区方向页岩气保存条件逐渐变好。而埋藏浅或处于断裂带(断层"通天"、开启性强)的构造样式对页岩气保存同样不利。抬升剥蚀致使上覆地层减薄,埋深变浅,页岩气扩散加快。当上覆地层减薄到一定程度时,由于裂缝的重新开启,页岩气渗流也加快。断裂带尤其是"通天"断裂发育的地方,页岩气渗流加快,加之断裂沟通高渗透层或连通地表,造成页岩气散失加快,因而在埋藏浅的区域或断裂带,页岩气散失快而不利于保存和富集(胡东风等,2014)。

在具有刚性基底、构造稳定的四川盆地齐岳山断裂带以西的大片区域,主要发育盆内隔档变形带,整个海相构造层形变微弱,地层纵横向连续性好,在多旋回构造改造过程中,只被为数不多的断裂所切割,以发育低—微幅度构造样式为特点,剥蚀量相对较小,中生界、古生界完整,有利于页岩气保存,海相页岩气层常显示出高压和超高压的特征,压力系数一般在1.5以上。而在四川盆地外缘地区,主要处于隔槽式褶皱-冲断带,整个海相构造层形变较强,地层纵横向连续性较差,在多旋回构造改造过程中,断裂切割明显,断裂数量多、规模大、延伸长度长,且"通天"断层较多,以发育中—高幅度构造样式为特点,剥蚀量相对较大,基本大于4500m,只在少部分向斜中残留三叠系—侏罗系,海相页岩气层通常表现为常压特征(郭旭升,2014b)。

## 四、页岩气运移

渗流与扩散作用是油气运移的两种基本方式,与常规油气一样,这两种作用也伴随着页岩成烃演化的整个历史时期。与常规油气不同的是页岩本身作为储层,具有低孔隙度、特低渗透率,同时还具页理发育的特征,这就决定了页岩气渗流具有方向性(胡东风等,2014)。很多学者研究指出:水平页理微裂缝的发育大大改善了页岩储层水平方向孔隙的连通性及其渗流能力,造成顺层方向的渗透率远高于垂直层理方向,使得页岩气侧向渗流、扩散速率远大于垂向,进而使侧向运移成为可能(胡东风等,2014;张士万等,2014;魏志红,2015;Zhang et al.,2019b,2020)。基于此,有学者提出了中国南方典型的页岩气富集模式,即页岩气通过顺层方向的侧向运移,实现了页岩层内构造高点的气体汇聚富集(郭彤楼和张汉荣,2014)。

此外,页岩气在背斜构造中顺层向背斜顶部运移聚集,若背斜顶部盖层条件较好,则对页岩气保存富集有利,反之页岩气散失严重。而页岩气在向斜构造中顺层由核部向两翼运移,因此,若页岩气层具有一定的埋深,远离露头剥蚀区,则对页岩气保存富集有利。

# 第二章 地质概况

## 第一节 页岩发育地质背景

上扬子地区位于我国西南部,南秦岭南缘断裂为其北部边界,垭都-紫云-罗甸断裂为其南部边界,龙门山断裂为其西部边界,雪峰山为其东部边界,整个区域包括四川盆地、滇黔北、湘鄂西等地区(图2-1),面积约 $3.5 \times 10^5 \mathrm{km}^2$。该区是我国海相页岩气勘探的重点地区之一,下寒武统牛蹄塘组和上奥陶统五峰组—下志留统龙马溪组作为页岩气勘探开发主要层系在上扬子地区广泛分布(邹才能等,2010,2015,2016)。

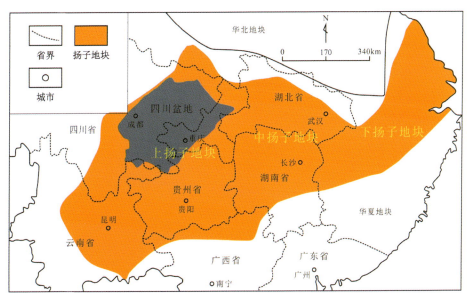

图2-1 上扬子地区地理位置图

## 一、地层特征

### (一)区域地层

上扬子地区地层发育较为完整,从下往上包括新元古界震旦系,古生界寒武系、奥陶系、志留系、二叠系,中生界三叠系、侏罗系、白垩系,新生界古近系、新近系、第四系等地层,泥盆系和石炭系普遍缺失(图2-2)。总体来看,震旦系—中三叠统以海相碳酸盐岩和泥页岩沉积为主,上三叠统—第四系为陆相碎屑岩沉积。研究区内元古宇—新生界发育特征由老到新简述如下。

| 系 | 统 | 组 | 地层代号 | 厚度/m | 岩性剖面 | 简要岩性 | 备注 |
|---|---|---|---|---|---|---|---|
| 白垩系 | 上统 | 夹关组 | $K_2j$ | 0~1000 | | 棕红色砂岩夹少量泥页岩，底部为砾岩，与下伏侏罗系呈不整合接触 | |
| 侏罗系 | 上统 | 蓬莱镇组 | $J_3p$ | 400~900 | | 浅灰色、灰紫红色砂质泥岩及泥质粉砂岩 | |
| | | 遂宁组 | $J_3s$ | 340~500 | | 棕色泥岩，砂质泥岩夹砂岩，含长石砂岩 | |
| | 中统 | 上沙溪庙组 | $J_2s_2$ | 800~1250 | | 紫红色、棕红色泥岩，砂质泥岩与灰色砂岩略等厚互层，底部为黑色页岩，富含叶肢介化石 | |
| | | 下沙溪庙组 | $J_2s_1$ | 200~280 | | 紫红色砂质泥岩夹泥质粉砂岩，砂岩 | |
| | 下统 | 凉高山组 | $J_1l$ | 50~110 | | 深灰色、灰黑色泥页岩及灰色砂岩，灰绿色页岩 | 不同地区对应地层为自流井组 |
| | | 大安寨组 | $J_1dn$ | 40~50 | | 深灰绿色泥岩，灰黑色页岩夹暗紫色灰质泥岩，灰绿色灰质石英砂岩、含生物介壳泥灰岩，上部为4~25m紫色泥岩过渡层 | |
| | | 马鞍山组 | $J_1m$ | 150~200 | | 紫红色含灰质泥岩夹灰绿色灰质石英粉砂岩 | |
| | | 东岳庙组 | $J_1d$ | 15~28 | | 黄绿色、灰色、深灰色灰岩，介壳灰岩及泥灰岩 | |
| | | 珍珠冲组 | $J_1z$ | 100~125 | | 紫红色、暗红色泥岩，含灰质泥岩夹砂绿色粉砂岩 | |
| 三叠系 | 上统 | 须家河组 | $T_3x_6$ | 20~40 | | 浅灰色、灰白色块状含长石石英砂岩、石英砂岩，多为硅质胶结，性坚硬 | |
| | | | $T_3x_5$ | 65~94 | | 灰黑色页岩与灰色砂岩不等厚互层，夹薄煤层，页岩含植物化石 | |
| | | | $T_3x_4$ | 28~36 | | 浅灰色、灰白色长石石英砂岩夹薄层页岩 | |
| | | | $T_3x_3$ | 70~101 | | 灰黑色页岩夹灰色砂岩，夹薄煤层 | |
| | | | $T_3x_2$ | 75~106 | | 灰色、深灰色含长石石英砂岩夹薄层页岩 | |
| | | | $T_3x_1$ | 20~30 | | 黑灰色页岩夹深灰色粉砂岩及薄煤层，与下伏雷口坡组呈假整合接触 | |
| | 中统 | 雷口坡组 | $T_2l_2$ | 0~160 | | 深灰色泥质白云岩，膏质白云岩，白云质泥岩，页岩及石膏 | 不同地区对应地层为巴东组 |
| | | | $T_2l_1$ | 15~50 | | 灰褐色灰岩，白云质灰岩，白云岩，膏质白云岩，石膏底为玻屑凝灰岩“绿豆岩” | |
| | 下统 | 嘉陵江组 | $T_1j_5$ | 35~60 | | 灰白色石膏，灰褐色白云岩，灰质白云岩，白云质灰岩 | |
| | | | $T_1j_4$ | 90~110 | | 厚层深灰色石膏夹灰褐色白云岩，灰岩，灰质白云岩 | |
| | | | $T_1j_3$ | 90~110 | | 深灰色中层状灰岩，局部夹泥质灰岩 | |
| | | | $T_1j_2$ | 80~100 | | 深灰色石膏与白云岩互层，夹灰岩，底部为蓝灰色泥岩 | |
| | | | $T_1j_1$ | 160~200 | | 灰色、深灰色灰岩，泥晶灰岩 | |
| | | 飞仙关组 | $T_1f_4$ | 15~52 | | 紫红色、灰绿色泥（页）岩 | |
| | | | $T_1f_3$ | 20~170 | | 灰色、灰褐色灰岩，泥灰岩 | |
| | | | $T_1f_2$ | 98~200 | | 暗紫红色泥（页）岩，灰质泥（页）岩，夹灰绿色灰岩，泥灰岩 | |
| | | | $T_1f_1$ | 130~150 | | 灰色、深灰色灰岩，鲕粒灰岩，夹泥灰岩，泥岩 | |
| 二叠系 | 上统 | 长兴组 | $P_3c$ | 50~60 | | 深灰色灰岩，生物灰岩，夹泥质灰岩，页岩 | 不同地区对应地层分别为吴家坪组和大隆组 |
| | | 龙潭组 | $P_3l$ | 80~100 | | 深灰色页、泥岩，夹煤层及硅质岩薄层，与下伏茅口组呈假整合接触 | |
| | 中统 | 茅口组 | $P_2m$ | 200~250 | | 深灰色、灰色、灰白色灰岩，生物屑灰岩含燧石结核，下部为灰岩，含泥质 | |
| | | 栖霞组 | $P_2q$ | 90~110 | | 深灰色、灰色灰岩，生物屑灰岩，夹少许页岩，下部为灰岩，含泥质 | |
| | | 梁山组 | $P_2l$ | 3~6 | | 灰色、灰黑色页岩，与下伏志留系呈假整合接触 | |
| 志留系 | 中统 | 韩家店组 | $S_2h$ | 200~600 | | 灰绿色、灰黄色页岩，粉砂质页岩夹粉砂岩，生物灰岩透镜体 | |
| | 下统 | 石牛栏组 | $S_1s$ | 150~350 | | 深灰色、黑灰色泥页岩，含粉砂质泥岩夹薄层生物屑灰岩、泥质粉砂岩、砂质泥灰岩、瘤状泥灰岩及钙质泥岩 | 不同地区对应地层分别为小河坝组和罗惹坪组 |
| | | 龙马溪组 | $S_1l$ | 100~400 | | 上部为深灰色泥岩夹粉砂质泥页岩，下部为黑色页岩，富含笔石 | |
| 奥陶系 | 上统 | 五峰组 | $O_3w$ | 3~10 | | 黑色含硅质灰质页岩，顶部常见深灰色泥灰岩 | |
| | | 涧草沟组 | $O_3j$ | 2~7 | | 灰色、浅灰色瘤状泥灰岩 | 不同地区对应地层为临湘组 |
| | 中统 | 宝塔组 | $O_2b$ | 20~60 | | 浅灰色、灰色含生物屑马蹄纹灰岩 | |
| | | 十字铺组 | $O_2s$ | 10~100 | | 灰色、深灰色含生物屑灰岩，泥质灰岩偶夹页岩 | |
| | 下统 | 湄潭组 | $O_1m$ | 100~400 | | 上部为灰色、灰绿色页岩，粉砂质页岩夹灰岩；中部为黄绿色粉砂岩与深灰色含泥质灰岩互层；下部为黄绿色页岩，粉砂质页岩夹生屑灰岩透镜体 | |
| | | 红花园组 | $O_1h$ | 10~80 | | 灰色、深灰色生物屑灰岩夹少量页岩、白云质灰岩和砂屑灰岩，普含硅质条带（结核） | |
| | | 桐梓组 | $O_1t$ | 100~170 | | 上部为灰色、灰黄色页岩，深灰色生物屑灰岩、鲕灰岩；下部为浅灰色、灰色白云质灰岩，灰质白云岩，泥质白云岩夹页岩，生物屑灰岩，砂屑灰岩及鲕状灰岩 | |
| 寒武系 | 上统 | 娄山关群 | $\epsilon_3LS$ | 550~650 | | 白云岩，底部为细粒石英砂岩夹白云质泥岩 | |
| | 中统 | 石冷水组 | $\epsilon_2s$ | 110~190 | | 白云岩，含泥质白云岩及灰岩夹石膏 | |
| | | 陡坡寺组 | $\epsilon_2d$ | 5~30 | | 含泥石英粉砂岩 | 不同地区对应地层为高台组 |
| | 下统 | 清虚洞组 | $\epsilon_1q$ | 100~200 | | 下段以灰岩为主，上段为白云岩夹泥质白云岩 | |
| | | 金顶山组 | $\epsilon_1j$ | 115~147 | | 泥页岩，泥质粉砂岩与粉砂岩夹灰岩 | 不同地区对应地层为杷榔组 |
| | | 明心寺组 | $\epsilon_1m$ | 139~371 | | 泥、砂岩为主，下部有较多的灰岩 | 不同地区对应地层上段为变马冲组，下段为九门冲组 |
| | | 牛蹄塘组 | $\epsilon_1n$ | 125~481 | | 以泥岩、含粉砂质泥岩为主，夹粉砂岩，与震旦系假整合接触 | 不同地区对应地层分别为筇竹寺组、水井沱组和郭家坝组 |
| 震旦系 | 上统 | 灯影组 | $Z_2dn$ | 400~1200 | | 白云岩夹硅质岩及磷块岩 | 不同地区对应地层分别为老堡组和留茶坡组 |
| | | 陡山沱组 | $Z_2d$ | 260 | | 以泥岩为主，底部为白云岩，顶部为含胶磷矿结核砂质泥岩 | |
| | 下统 | 南沱组 | $Z_1n$ | 80 | | 紫红色—紫灰色冰碛岩，与前震旦系板溪群呈微角度不整合接触 | |

图 2-2　上扬子地区地层综合柱状图（据白振瑞，2012；张金川等，2019）

**1. 震旦系**

震旦系由下统南沱组和上统陡山沱组、灯影组组成。下震旦统南沱组厚80m，主要由块状紫红色—紫灰色冰碛岩组成的冰川泥砾堆积而成，与前震旦系板溪群呈微角度不整合接触。上震旦统陡山沱组厚260m，总体以泥岩沉积为主，底部、顶部分别为白云岩和含胶磷矿结核砂质泥岩；上震旦统灯影组厚400~1200m，为一套局限台地相沉积的碳酸盐岩夹硅质岩及磷块岩，岩性较为单一。

**2. 寒武系**

寒武系由下统牛蹄塘组、明心寺组、金顶山组、清虚洞组、中统陡坡寺组、石冷水组、上统娄山关群组成。下寒武统牛蹄塘组厚125~481m，在不同地区所对应的地层分别为筇竹寺组、水井沱组和郭家坝组，以页岩、含粉砂质页岩为主，夹粉砂岩，与下伏震旦系呈假整合接触；下寒武统明心寺组厚139~371m，以泥岩、砂岩沉积为主，下部有较多的灰岩分布；下寒武统金顶山组厚115~147m，岩性组成主要为泥页岩、泥质粉砂岩与粉砂岩，夹灰岩；下寒武统清虚洞组厚100~200m，岩性以碳酸盐岩沉积为主，夹少量泥岩。中寒武统陡坡寺组厚5~30m，为含泥石英粉砂岩；中寒武统石冷水组厚110~190m，岩性以白云岩、含泥质白云岩及灰岩，夹石膏为特征。上寒武统娄山关群厚550~650m，岩性以白云岩为主，底部存在一层比较薄的细粒石英砂岩，夹白云质泥岩。

**3. 奥陶系**

奥陶系分为3个统，下统从下往上依次为桐梓组、红花园组和湄潭组，中统从下往上依次为十字铺组和宝塔组，上统从下往上依次为涧草沟组/临湘组和五峰组。下奥陶统桐梓组厚100~170m，主要为浅灰色、灰色中—厚层状白云岩夹鲕状灰岩及生物碎屑灰岩，顶、底发育页岩；下奥陶统红花园组厚10~80m，岩性为灰色、深灰色生物碎屑灰岩，夹少量页岩、白云质灰岩和砂屑灰岩，普含硅质条带（结核）；下奥陶统湄潭组厚100~400m，下部为黄绿色页岩、粉砂质页岩，夹生物碎屑灰岩透镜体，中部为黄绿色粉砂岩与深灰色含泥质灰岩互层，上部发育灰色、灰绿色页岩、粉砂质页岩夹灰岩。中奥陶统十字铺组厚10~100m，为灰色、深灰色含生物碎屑灰岩，泥质灰岩，偶夹页岩；中奥陶统宝塔组厚20~60m，为浅灰色、灰色含生物碎屑马蹄纹灰岩。上奥陶统涧草沟组/临湘组厚2~7m，为灰色、浅灰色瘤状泥灰岩；上奥陶统五峰组厚3~10m，为黑色含硅质灰质页岩，顶部常见深灰色泥灰岩。

**4. 志留系**

受广西运动影响，上扬子地区上志留统基本被剥蚀殆尽，中、下志留统保存较为完整，其中，下志留统为龙马溪组、石牛栏组/小河坝组/罗惹坪组，中志留统为韩家店组。下志留统龙马溪组厚100~400m，下部为黑色页岩，富含笔石，上部为深灰色泥岩夹粉砂质泥页岩；下志留统石牛栏组厚150~350m，为深灰色、黑灰色泥页岩，含粉砂质泥岩夹薄层生物碎屑灰岩、泥质粉砂岩、砂质泥灰岩、瘤状泥灰岩及钙质泥岩。中志留统韩家店组厚200～600m,发育灰绿色、灰黄色页岩,粉砂质页岩夹粉砂岩、生物灰岩透镜体。

**5. 二叠系**

上扬子地区普遍缺失下二叠统,仅发育中二叠统和上二叠统,其中,中二叠统为梁山组、栖霞组和茅口组,上二叠统为龙潭组和长兴组。中二叠统梁山组厚3～6m,为灰色、灰黑色页岩,局部夹煤线、铝土矿、赤铁矿透镜体;中二叠统栖霞组厚90～100m,主要为含燧石团块的深灰色、灰色厚层状灰岩和生物碎屑灰岩;中二叠统茅口组厚200～250m,下部以深灰色厚层状生物碎屑灰岩和有机质页岩为主,中部以灰色、浅灰色厚层状灰岩、生物碎屑灰岩和含燧石结核灰岩为主,上部以浅灰色厚层状灰岩为主,顶部位置含燧石结核或者薄层硅质岩。上二叠统龙潭组厚80～100m,为夹煤层和粉细砂岩的灰黑色、黑色碳质和砂质泥页岩,局部地区在泥页岩中夹硅质灰岩;上二叠统长兴组厚50～60m,下部为夹少量黑色钙质页岩的灰色、深灰色厚层灰岩和骨屑灰岩,中、上部为含燧石结核的灰色、灰白色中厚层状条带灰岩和白云质灰岩。

**6. 三叠系**

三叠系在上扬子地区广泛发育,包括下三叠统飞仙关组和嘉陵江组,中三叠统雷口坡组以及上三叠统须家河组。下三叠统飞仙关组厚263～572m,主要为夹少量泥质和介屑灰岩的紫灰色、紫红色页岩;下三叠统嘉陵江组厚455～580m,为夹白云质灰岩的灰色、浅灰色薄—中厚层状灰岩和生物碎屑灰岩。中三叠统雷口坡组厚15～210m,为夹岩溶角砾岩和砂质泥岩的灰色薄—厚层状灰岩、白云岩,含石膏、岩盐。上三叠统须家河组厚278～407m,为夹煤层和含菱铁矿结核的互层状砂岩、粉砂岩和页岩。

**7. 侏罗系**

上扬子地区侏罗系总体厚度比较大,主体为砂泥岩互层,分为下侏罗统、中侏罗统和上侏罗统。下侏罗统划分为5个组,分别是珍珠冲组、东岳庙组、马鞍山组、大安寨组和凉高山组;中侏罗统划分为下沙溪庙组和上沙溪庙组;上侏罗统划分为遂宁组和蓬莱镇组。下侏罗统珍珠冲组厚100～125m,岩性主要为紫红色、暗红色泥岩,含灰质泥岩,夹砂绿色粉砂岩;下侏罗统东岳庙组厚15～28m,岩性主要为黄绿色、灰色、深灰色灰岩,介壳灰岩及泥灰岩,中上部含燧石;下侏罗统马鞍山组厚150～200m,岩性主要为紫红色钙质、粉砂质泥岩,浅灰色中厚层状细粒石英砂岩;下侏罗统大安寨组厚40～50m,岩性主要为灰绿色、深灰色页岩、深绿色泥岩,黑灰色页岩夹暗紫色灰质泥岩、灰绿色钙质石英砂岩,含生物介壳泥灰岩,夹一层油页岩,上部有厚4～25m紫色泥岩过渡层,下部为紫红色钙质、泥质粉砂岩和粉砂质泥岩;下侏罗统凉高山组厚50～100m,主要岩性是与灰绿色或红色泥岩互层的灰黑色页岩和灰色石英砂岩。中侏罗统下沙溪庙组厚200～280m,由呈紫红色、灰绿色且局部含钙质团块的泥岩和黄灰色、紫灰色长石石英砂岩互层组成;中侏罗统上沙溪庙组厚800～1250m,由含较多钙质团块、偶夹泥灰岩的暗色泥岩和颜色较杂、长石含量较高的砂岩互层组成。上侏罗统遂宁组厚340～500m，岩性主要为浅棕色泥岩、钙质泥岩间夹粉砂岩，局部夹泥灰岩透镜体及石膏条带，底部为灰色、灰紫色砂岩、含砾砂岩，部分地区含铜；上侏罗统蓬莱镇组厚400～900m，岩性主要为紫红色泥岩与灰白色厚层长石石英砂岩互层，顶部砂岩含泥灰岩质砾石，底部砂岩在部分地区含铜。

**8. 白垩系**

上扬子地区白垩系为陆相红色地层，全套白垩系厚0～1000m。上白垩统夹关组的岩性是红色块状长石石英砂岩，其中夹有少量泥岩和粉砂岩，在这套地层的底部还有一层砾岩层，其厚0～20m。该砾石层的磨圆度较好，但成分较复杂，砾石的含量高达50%。

**9. 古近系**

古近系以棕红色、棕褐色泥岩为主，夹橙红色泥质粉砂岩、砾岩。

**10. 新近系**

新近系主要为灰色砾岩，夹红黄色、灰色岩屑砂岩、黏土。

**11. 第四系**

第四系主要为未固结松散的砾石层、砂层、粉砂质黏土层和黏土层。

（二）富有机质页岩层系

总体来看，上扬子地区发育6套较好的富有机质页岩地层，自下而上分别为上震旦统陡山沱组、下寒武统牛蹄塘组、上奥陶统五峰组—下志留统龙马溪组这3套海相富有机质页岩地层，上二叠统龙潭组这套海陆交互相富有机质页岩地层和上三叠统须家河组、下侏罗统自流井组这两套陆相富有机质页岩地层。其中，下寒武统牛蹄塘组和上奥陶统五峰组—下志留统龙马溪组这两套海相富有机质页岩地层区域分布稳定、厚度大、分布广，是目前我国页岩气勘探开发的热点层系。

**1. 牛蹄塘组**

牛蹄塘组分为下、上两段：下段沉积于深水陆棚环境，为黑色碳质页岩和硅质页岩，含磷结核黏土岩层，磷块岩矿层，铝、镍多金属矿层在局部地区发育；上段随着海平面下降，含氧量增加，沉积于浅水陆棚环境，为灰绿色页岩夹粉砂质页岩。牛蹄塘组页岩具有自下而上颜色变浅、砂质含量增加的变化特征。

**2. 五峰组—龙马溪组**

五峰组主要为富含有机质和笔石化石的黑色碳质页岩，中间夹薄层斑脱岩，水平层理发育，反映了沉积期水体平静、水动力较弱。此外，层内发现大量硅质海绵骨针、放射虫和浮游型笔石化石,而底栖生物化石较少,反映了一种深水沉积环境。龙马溪组下段主要为含大量黄铁矿的富有机质黑色碳质页岩、硅质页岩,可见大量浮游型笔石、放射虫和硅质海绵骨针化石,底栖生物化石罕见,整体表现为深水陆棚沉积环境;上段主要为深灰色钙质页岩和灰绿色粉砂质页岩,砂质、钙质含量逐渐增加,笔石化石较为丰富,可见稀疏分布的三叶虫、腕足类、珊瑚等化石,反映了一种浅水环境。

## 二、沉积环境

总体而言,沉积速率较慢、地质条件较为封闭、生物繁盛的台盆或陆棚环境有利于海相黑色富有机质页岩的形成,其中较为有利的沉积环境为伴随大规模水进过程的被动大陆边缘、克拉通内坳陷和前陆挠曲形成的滞留盆地等。寒武系—志留系黑色富有机质页岩的发育时期与大地构造格局或沉积盆地性质发生重大变革的转换时期是相辅相成的。

### (一)牛蹄塘组

从晚震旦世开始,上扬子地区逐步进入稳定的热沉降阶段,形成了克拉通浅海盆地,整体上处于统一的古沉积背景之下,并在扬子地台南、北两侧发育两个被动大陆边缘和一些海湾体系(梁狄刚等,2009)。早寒武世牛蹄塘组沉积期,上扬子地区发生大规模海侵,大部分地区为陆棚沉积,总体上西高东低,自西向东逐渐由古陆过渡到浅水陆棚、深水陆棚、斜坡和深海盆地(图2-3),具备了形成黑色富有机质页岩的良好条件。在快速海进和缓慢海退的沉积背景下,牛蹄塘组沉积早期为深水陆棚沉积,晚期水体逐渐变浅转为浅水陆棚和潮坪沉积环境(图2-3)。牛蹄塘组沉积早期发生海侵作用,灯影期碳酸盐岩台地逐渐被淹没,普遍沉积了一套深水陆棚-斜坡相富含有机质的黑色页岩;晚期海平面下降且受康滇古陆的影响,碎屑成分逐渐增多,向粗粒碎屑岩沉积过渡。

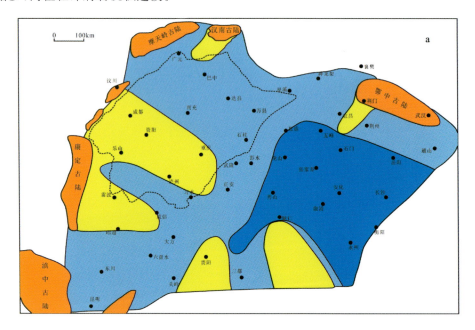

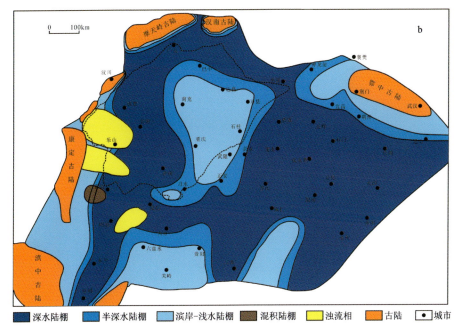

图 2-3 中上扬子地区牛蹄塘组沉积相图(据王玉满等,2021)
a.牛蹄塘组沉积晚期;b.牛蹄塘组沉积早期

(二)五峰组—龙马溪组

晚奥陶世—早志留世,受加里东运动的影响,上扬子地区周缘开始发育众多隆起,比如南部的黔中隆起,东南部的雪峰隆起和西北部的川中隆起,形成了"三隆夹一坳"的构造格局,使得早、中奥陶世具广海特征的海域变为被隆起包围的局限海域(图2-4)。五峰组—龙马溪组沉

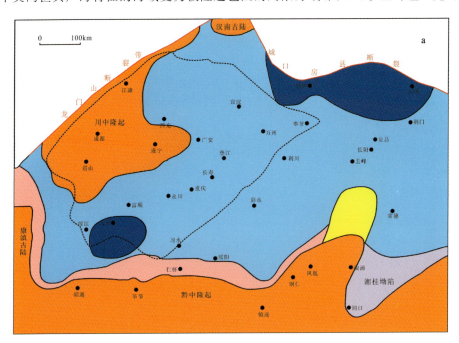

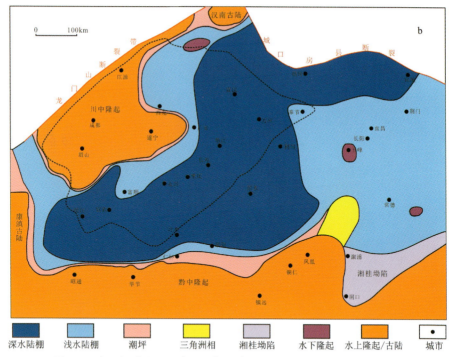

图 2-4 中上扬子地区五峰组—龙马溪组沉积相图(据孙莎莎等,2018)
a.龙马溪组沉积晚期;b.五峰组—龙马溪组沉积早期

积早期发生了两次全球性海侵(苏文博等,2007),形成了大面积低能、欠补偿、缺氧的深水陆棚环境(图2-4b),沉积了五峰组—龙马溪组黑色页岩。其中,五峰组为含大量笔石化石的富有机质黑色页岩,分布稳定,与上覆龙马溪组黑色页岩连续发育,故在本书中把五峰组和龙马溪组黑色页岩作为一个统一的组系进行讨论。龙马溪组沉积晚期,海平面逐渐下降,向浅水陆棚演化(图2-4a),同时受到陆源碎屑供给的影响,沉积物以粉砂质页岩、粉砂岩为主。

## 三、页岩分布

### (一)牛蹄塘组

上扬子地区牛蹄塘组黑色页岩具有分布范围广、沉积厚度大的特点(除了川中古隆起一带没有该套黑色页岩发育,其余地区广泛分布),主要形成了川南宜宾、湘西-渝东-鄂西两个黑色页岩发育中心。另外,在川北—川东北、川东南、黔北—黔中一带黑色页岩也相对发育,总体分布稳定,厚度较大,一般为35~200m,大部分地区厚度大于100m。在川西南的资阳—自贡、川南的宜宾—威信、滇东北巧家—镇雄、渝东北巫溪、渝东鄂西的巫溪—利川—恩施—鹤峰一带厚度最大超过200m,一般超过100m。黔东北的金沙—江口—松桃一线以南一带厚度可达40~140m,且表现为从北向南西方向增厚的趋势。在川北—川东北的南江—镇巴—城口一带厚度大于80m,川西成都—广元一带厚度小于20m(图2-5)。

上扬子地区除了川西外,牛蹄塘组黑色页岩在四川盆地边缘均有出露剥蚀,其中,在渝东

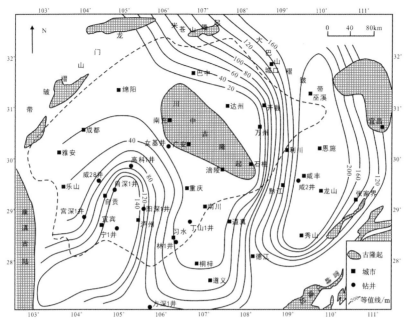

图 2-5　上扬子地区牛蹄塘组黑色页岩等厚图（据龙鹏宇，2011）

北、川东南和黔北地区出露面积较大，其余地区大面积深埋地下。总体看，盆地内部川中地区埋深最大，基本在 4000m 以上；川南—川东南地区埋深在 2000～4500m 之间；滇东—黔北—渝东南—湘西地区埋深适中，大部分在 500～3000m 之间，部分地区埋深也接近 4000m；川东—鄂西东部地区埋深小，在 1500～3000m 之间，西部埋深大，在 3500～5000m 之间；川北地区埋深在 2000～5000m 之间（图 2-6）。

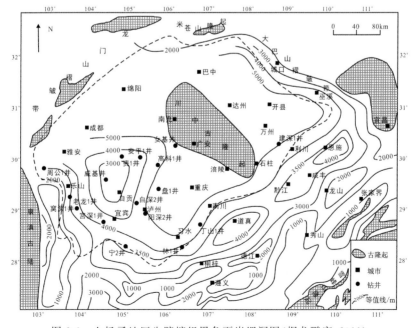

图 2-6　上扬子地区牛蹄塘组黑色页岩埋深图（据龙鹏宇，2011）

## (二) 五峰组—龙马溪组

上扬子地区五峰组—龙马溪组黑色页岩主要发育在滇黔隆起到江南-雪峰低隆以北较深水的非补偿性缺氧环境中,除了川中古隆起、牛首山-黔中古隆起和雪峰山前陆隆起造山带没有该套黑色页岩发育外,其余地区广泛分布。主体呈北东向带状分布,东部和南部地区发育较全,厚度大,一般在15～160m之间,且为连续稳定广泛发育。主要形成两个黑色页岩沉积中心,分别位于川南宜宾—长宁—泸州和渝东鄂西石柱—彭水—利川—恩施,大部分地区厚度大于120m。川东南的綦江—南川—武隆、黔北的道真—桐梓、渝东北的镇巴—城口—镇坪一带厚60～100m(图2-7)。

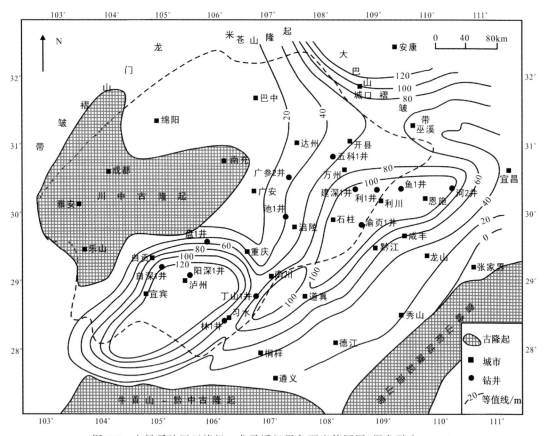

图2-7 上扬子地区五峰组—龙马溪组黑色页岩等厚图(据龙鹏宇,2011)

上扬子地区除了川西外,五峰组—龙马溪组黑色页岩在四川盆地边缘均有出露剥蚀,同时在华蓥山断层也有出露,其中川北、渝东北、渝东南、川南和川东南地区出露面积较大,其余地区大面积深埋地下。总体上,盆地内部川北南部和川西北部地区埋深最大,基本在5000m以上;川东和渝东地区埋深也较大,多在3500～4000m之间,川南和川东南地区埋深在2000～3500m之间;鄂西地区埋深适中,大部分在1500～2000m之间;滇东—黔北—渝东南—渝东北—湘西地区埋深一般较小,在500～2000m之间(图2-8)。

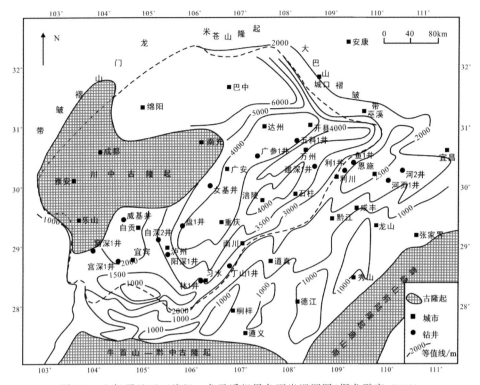

图 2-8 上扬子地区五峰组—龙马溪组黑色页岩埋深图(据龙鹏宇,2011)

## 四、典型地区地质特征

本书所研究的五峰组—龙马溪组页岩钻井(WL-A 井、WL-B 井和 WL-C 井)位于上扬子涪陵地区,牛蹄塘组页岩钻井(N-A 井和 N-B 井)位于上扬子岑巩地区,五峰组—龙马溪组页岩野外剖面(黄莺 HY 剖面和漆辽 QL 剖面)位于上扬子渝东南地区,牛蹄塘组页岩野外剖面(南皋 NG 剖面)位于上扬子黔北地区。下面主要从构造特征的角度分别对这几个典型地区进行详细的描述。

### (一)涪陵地区

五峰组—龙马溪组页岩钻井 WL-A 井和 WL-B 井位于涪陵页岩气田一期产建区焦石坝区块(图 2-9),WL-C 井位于涪陵页岩气田二期产建区平桥区块(图 2-9)。焦石坝区块地处四川盆地东部重庆市涪陵区焦石坝镇,构造主体位于焦石坝背斜带,隶属于川东高陡褶皱带,位于万县复向斜的南部与方斗山背斜带西侧的交会区域。焦石坝背斜带为主体平缓、边缘被天台场、吊水岩、大耳山西和石门等断层夹持的北东走向宽缓的箱状断背斜构造(图 2-9b、d)。焦石坝背斜两翼逆断层发育,主要大的逆断层包括控制焦石坝构造北东走向的天台场 1 号断层、天台场 2 号断层、吊水岩 1 号断层、吊水岩 2 号断层、吊水岩 3 号断层、石门 1 号断层、石门 2 号断层以及控制焦石坝构造南北走向的大耳山西断层等,这些断层错断寒武系—三叠系,断距均大于100m。平桥区块位于四川盆地东部重庆市南川区及武隆区境内,构造上隶属于川东高陡褶皱带万县复向斜南部的平桥背斜带。平桥背斜带为受平桥东2号断层与平桥西断层夹持的北东走向狭长紧闭的圆弧断背斜构造(图2-9b、c),相比于焦石坝区块,地层变形较强、产状较陡。区内北东走向逆断层较为发育,且多集中在背斜东西两翼。

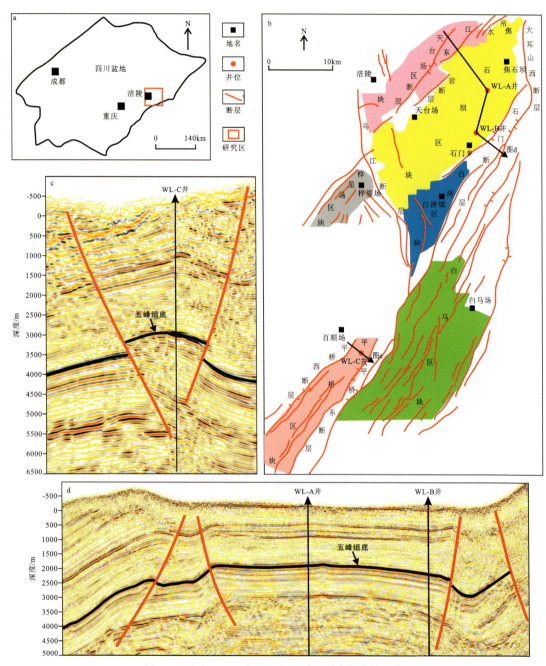

图2-9 涪陵地区五峰组—龙马溪组页岩气井构造位置

WL-A井井深2406m,钻遇地层自上而下依次为下三叠统嘉陵江组、飞仙关组;上二叠统长兴组、龙潭组,中二叠统茅口组、栖霞组、梁山组;上石炭统黄龙组;中志留统韩家店组,下志留统小河坝组、龙马溪组;上奥陶统五峰组、涧草沟组,中奥陶统宝塔组、十字铺组(未穿)。其中,目的层段五峰组—龙马溪组深度位于2065～2363m,黑色富有机质页岩位于五峰组—龙马溪组底部2264～2363m(图2-10)。

WL-B井井深2627m,钻遇地层自上而下依次为下三叠统嘉陵江组、飞仙关组;上二叠统长兴组、龙潭组,中二叠统茅口组、栖霞组、梁山组;上石炭统黄龙组;中志留统韩家店组,下志留统小河坝组、龙马溪组;上奥陶统五峰组、涧草沟组(未穿)。其中,目的层段五峰组—龙马溪组深度位于2296～2622m,黑色富有机质页岩位于五峰组—龙马溪组底部2519～2622m(图2-10)。此外,WL-A井位于焦石坝断背斜核部的构造稳定部位,距离断层较远;WL-B井靠近焦石坝断背斜的翼部,距离区内东南部的断裂带较近(图2-9b、d)。

WL-C井井深3548m,钻遇地层自上而下依次为下三叠统嘉陵江组、飞仙关组;上二叠统长兴组、龙潭组,中二叠统茅口组、栖霞组、梁山组;中志留统韩家店组,下志留统小河坝组、龙马溪组;上奥陶统五峰组、涧草沟组,中奥陶统宝塔组(未穿)。其中,目的层段五峰组—龙马溪组深度位于3085～3511m,黑色富有机质页岩位于五峰组—龙马溪组底部3396～3511m(图2-10)。

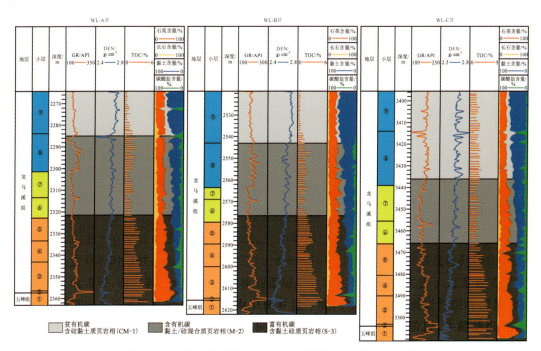

图2-10 涪陵地区五峰组—龙马溪组页岩气井综合柱状图

(二)岑巩地区

牛蹄塘组页岩钻井N-A井和N-B井位于岑巩区块。岑巩区块地处贵州省黔东南苗族侗族自治州东北部,铜仁市西南部(图2-11a),构造主体位于上扬子地块东南缘黔北地区,处于湘鄂西隔槽式褶皱带。构造样式主要为宽缓的断背斜及背斜间夹持的宽缓鞍状构造,与焦石坝区块构造样式具有一定程度的相似性(图2-11b)。不同的是,区内低幅度宽缓背斜核部发育深层滑脱断层及走滑断层,尤其是N-A井位于走滑断裂带(图2-11b),不利于页岩气的保存。

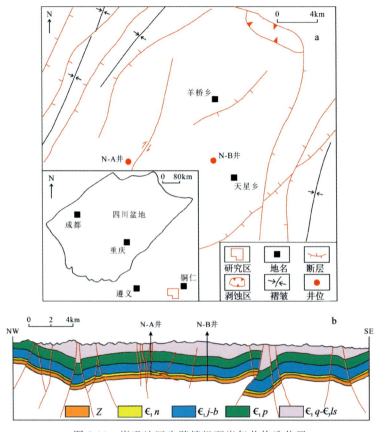

图2-11 岑巩地区牛蹄塘组页岩气井构造位置

N-A井井深1527m,钻遇地层自上而下依次为:第四系;中寒武统高台组,下寒武统清虚洞组、杷榔组、变马冲组、九门冲组、牛蹄塘组;上震旦统老堡组、陡山沱组(未穿)。其中,目的层段牛蹄塘组深度位于1395～1471m(图2-12)。

N-B井井深1898m,钻遇地层自上而下依次为:第四系;中寒武统高台组,下寒武统清虚洞组、杷榔组、变马冲组、九门冲组、牛蹄塘组;上震旦统老堡组、陡山沱组,下震旦统南沱组;新元古界板溪群(未穿)。其中,目的层段牛蹄塘组深度位于1756～1815m(图2-12)。

(三)渝东南地区

渝东南地区位于重庆市东南,东北与湖北相邻,东与湖南接壤,西南则与贵州相连,处于北纬28°09′—30°00′,东经106°54′—109°18′之间。地理概念上包括五县一区(石柱、武隆、黔

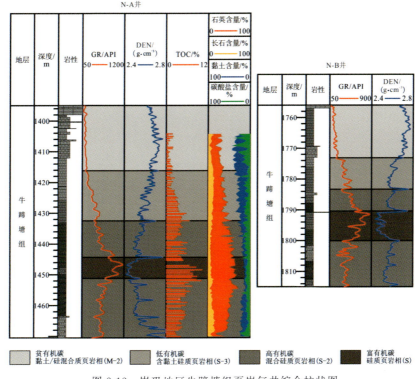

图 2-12 岑巩地区牛蹄塘组页岩气井综合柱状图

江、彭水、酉阳、秀山),本书将南川区部分区域也划到渝东南地理范畴(图 2-13)。渝东南地区褶皱数量较多,且背斜与向斜相间呈线状发育,其同心褶皱(亦称平行褶皱)特征及分带性明显(图 2-13)。褶皱两翼地层倾角较大,基本处于 30°~60°之间,由于遭受多期次构造叠加作用,区内褶皱形态比较复杂,且多与断裂相互切割。在平面上,褶皱主要为北东向延伸,由北向南略呈弧形,在彭水和酉阳地区一系列弧形褶皱呈类似喇叭状,全区只在武隆羊角附近褶皱走向近北北西向。从北西向南东,褶皱形态依次为背斜窄向斜宽的隔档式褶皱、背斜向斜同等发育的过渡型褶皱(也叫城垛状褶皱)、背斜宽向斜窄的隔槽式褶皱。在西北部齐岳山断裂和石柱、武隆地区,褶皱呈现典型的隔档式,背斜为轴部狭窄、两翼倾角较陡的紧闭式背斜,向斜与之相反。过渡型褶皱则是背向斜宽缓基本一致,形状类似城垛。在东南地区,背斜呈宽缓的箱状,向斜轴部狭窄,两翼较陡,背向斜组成了隔槽式褶皱。背斜轴部多出露下古生界,向斜中多为三叠系与二叠系(汪星,2015)。本区大型基底断裂包括齐岳山基底断裂、建始-彭水断裂和来凤-石阡断裂(图 2-13)。区内断层走向以北东向为主,大断裂两侧多伴生较多小断层,断裂数量较多,断裂密度具有从北到南逐渐增大的特点(汪星,2015)。

五峰组—龙马溪组页岩野外剖面黄莺剖面位于渝东南武隆区黄莺乡(北纬 29°13′03.32″,东经 107°41′15.58″),海拔 393m,出露临湘组灰岩和五峰组—龙马溪组页岩,测量厚度为 35.8m(图 2-14)。其中,临湘组发育灰白色厚层灰岩,单层厚约 50cm。五峰组发育黑色薄层碳质笔石页岩,单层厚约 1cm。龙马溪组自下而上可划分为 9 个层段:第 1 小层为黑色中厚

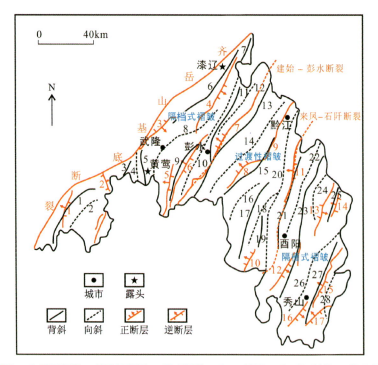

1.下水沟断层;2.大矸坝断层;3.接龙场断层;4.马武断层;5.江口断层;6.火石垭断层;7.郁山断层;8.桐楼断层;9.筲箕滩断层;10.丁市断层;11.马喇湖断层;12.马家厂断层;13.百福司断层;14.沙滩断层;15.涌洞断层;16.岑龙断层;17.三阳断层。

1.龙骨溪背斜;2.金佛山向斜;3.赵家坝背斜;4.白马向斜;5.羊角背斜;6.老厂坪背斜;7.金铃坝背斜;8.青杠向斜;9.天星背斜;10.善子向斜;11.锅厂坝背斜;12.马槽坝向斜;13.郁山背斜;14.桑拓坪向斜;15.桐麻圆背斜;16.龚滩向斜;17.天馆背斜;18.广沿盖向斜;19.丁市背斜;20.铜西向斜;21.咸丰背斜;22.酉阳向斜;23.鸡公岭背斜;24.车田向斜;25.酉酬背斜;26.平阳盖向斜;27.秀山背斜;28.三块土向斜。

图 2-13 渝东南地区构造纲要图

层笔石页岩,单层厚约 6cm,发育多层灰白色斑脱岩,层边界清晰,为裂缝观测层段(图 2-14);第 2 小层为黑色薄层笔石页岩,单层厚约 1cm;第 3 小层为黑色中薄层笔石页岩,单层厚约 4cm;第 4 小层为黑色中厚层页岩,单层厚约 7cm,发育多层灰白色斑脱岩,层边界清晰,为裂缝观测层段(图 2-14);第 5 小层为黑色薄层碳质笔石页岩,单层厚约 0.1cm;第 6 小层为黑色中厚层页岩,单层厚约 10cm;第 7 小层为黑色薄层碳质页岩,单层厚约 0.1cm;第 8 小层为灰白色厚层灰质页岩,单层厚约 15cm;第 9 小层为黑色薄层碳质页岩,单层厚约 0.1cm。

五峰组—龙马溪组页岩野外剖面漆辽剖面位于渝东南石柱县漆辽村(北纬 29°52′54.13″,东经 108°17′45.30″),海拔 1170m,出露龙马溪组页岩,测量厚度为 16.26m(图 2-15)。自下而上剖面可划分为 7 个层段,剖面底部发育黑色碳质泥岩,中上部发育灰黑色泥岩和粉砂质泥岩,对比于黄莺剖面,页岩单层厚度整体较大,裂缝观测层段单层厚分别约 30cm 和 15cm,层边界清晰,并可见多层灰白色斑脱岩(图 2-15)。

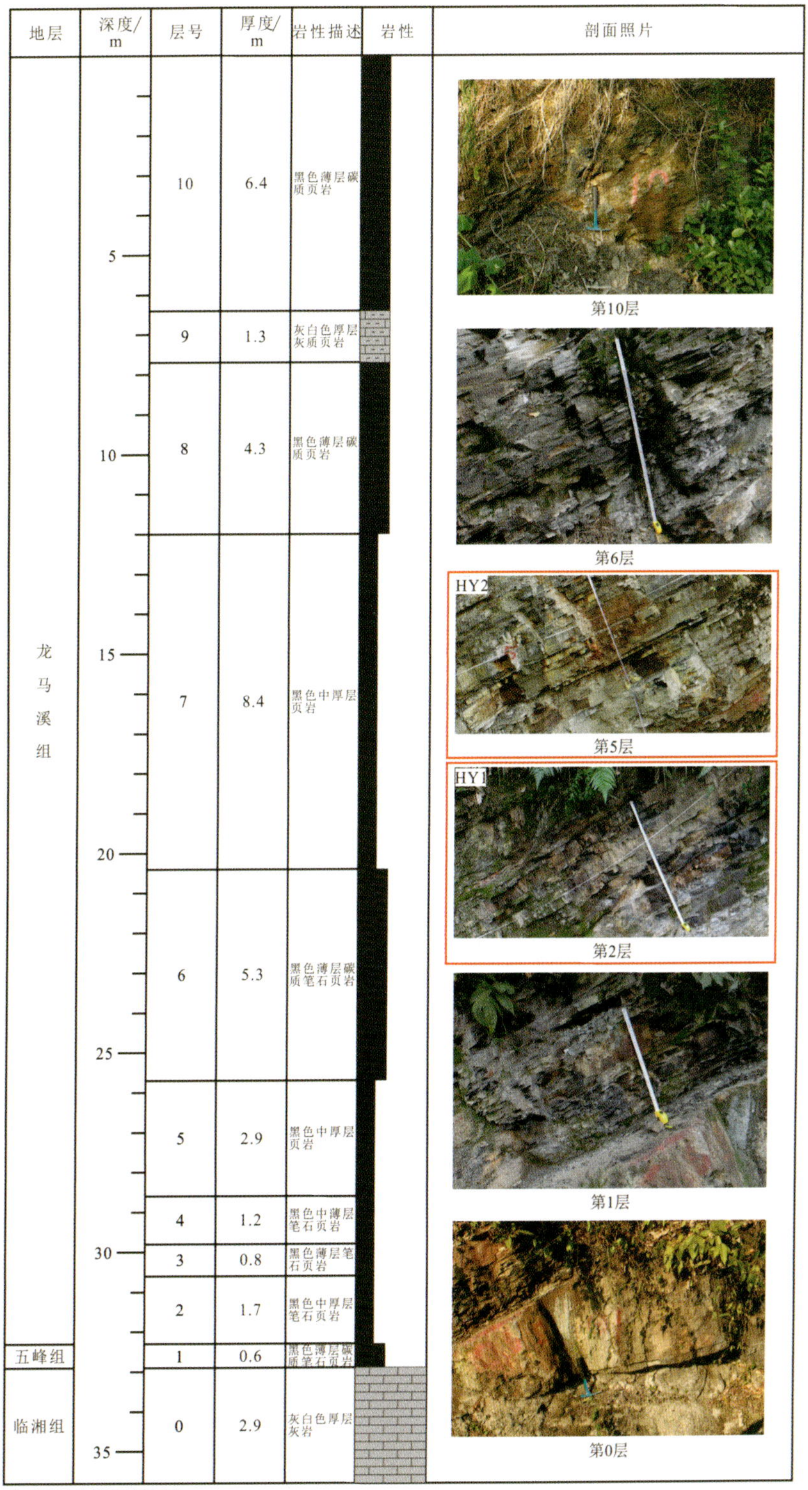

## 第二章 地质概况

| 地层 | 深度/m | 层号 | 厚度/m | 岩性描述 | 岩性 | 剖面照片 |
|---|---|---|---|---|---|---|
| 龙马溪组 | 5 | 10 | 6.4 | 黑色薄层碳质页岩 | | 第10层 |
| | | 9 | 1.3 | 灰白色厚层灰质页岩 | | |
| | 10 | 8 | 4.3 | 黑色薄层碳质页岩 | | 第6层 |
| | 15 | 7 | 8.4 | 黑色中厚层页岩 | | HY2 第5层 |
| | 20 | | | | | HY1 第2层 |
| | 25 | 6 | 5.3 | 黑色薄层碳质笔石页岩 | | 第1层 |
| | | 5 | 2.9 | 黑色中厚层页岩 | | |
| | 30 | 4 | 1.2 | 黑色中薄层笔石页岩 | | |
| | | 3 | 0.8 | 黑色薄层笔石页岩 | | |
| | | 2 | 1.7 | 黑色中厚层笔石页岩 | | |
| 五峰组 | | 1 | 0.6 | 黑色薄层碳质笔石页岩 | | 第0层 |
| 临湘组 | 35 | 0 | 2.9 | 灰白色厚层灰岩 | | |

注：红框内为裂缝观测层段。

图 2-14 渝东南地区武隆黄莺剖面柱状图

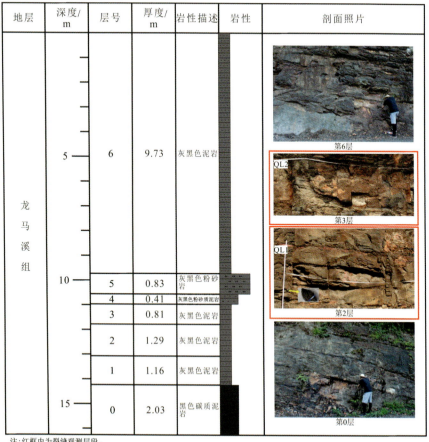

图 2-15　渝东南地区石柱漆辽剖面柱状图

## (四)黔北地区

黔北地区位于贵州省的中北部,行政区上包括贵阳、遵义、毕节、铜仁等市,其位置在北纬 26°08′—26°32′之间,东经 104°40′—108°40′之间,东接湖南,南邻广西,西与云南、四川接壤,北与重庆毗连(图 2-16)。黔北地区褶皱、断裂构造非常发育(图 2-16)。褶皱展布方向主要为北东向和北北东向,褶皱类型以隔槽式为主,向斜狭窄紧闭呈槽状,背斜宽阔舒缓呈箱状。向斜轴部多保存有三叠系,背斜核部常由寒武系组成,奥陶系、志留系和二叠系等地层均沿着褶皱翼部呈环形分布。黔北地区的西部和西南部地区,单个褶皱常呈"S"形或反"S"形,反映了黔北地区的构造变形以挤压为主兼有走滑的性质(久凯等,2012)。黔北地区的断裂是在多个走向的断裂体系相互切割、联合、干扰下形成的,包含北东向、北北东向、南北向、北西向、东西向 5 组断裂体系,由于受到多期构造运动的影响,古断裂活化现象普遍,造成了不同走向断裂体系的切割关系非常复杂。而且断层倾角一般较大,大多在 50°～80°之间,有的断面直立,甚至发生倒转(久凯等,2012)。对比渝东南地区,黔北地区构造变形更为强烈,褶皱、断层更加发育,组合形态更加复杂。

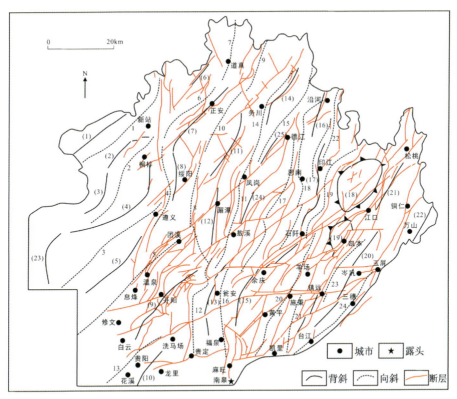

(1)桑木场背斜;(2)九坝背斜;(3)鲁班背斜;(4)东山背斜;(5)老熊坡-化起背斜;(6)黄莲坝背斜;(7)黄鱼江背斜;(8)老蒲场背斜;(9)大坝口-都拉营复式背斜;(10)龙里复背斜;(11)谢坝复背斜;(12)湄潭复背斜;(13)白岩背斜;(14)鸡公岭背斜;(15)上塘复背斜;(16)夹石背斜;(17)四季岭背斜;(18)梵净山穹状背斜;(19)老岭穹状背斜;(20)盘山背斜;(21)偏岩背斜;(22)下溪复背斜;(23)沙厂背斜;(24)峰岩复背斜;(25)安家寨背斜。
1.官店-二郎坝向斜;2.东离桥向斜;3.草木-黔西复式向斜;4.石盘头向斜;5.流长-小箐复式向斜;6.安场复向斜;7.道真向斜;8.虾子扬复向斜;9.灌水向斜;10.土坪复向斜;11.珚川复向斜;12.平寨复向斜;13.贵阳复向斜;14.务川复向斜;15.土地坳-德江复向斜;16.瓮安复向斜;17.许家坝向斜;18.塘头向斜;19.大姚寨开阔向斜;20.黄平复向斜;21.龙井向斜;22.焦家铺-沙子场复向斜;23.肖山向斜;24.三穗向斜。

图 2-16 黔北地区构造纲要图

牛蹄塘组页岩野外剖面南皋剖面位于黔北丹寨县南皋乡(北纬 26°22′40.18″,东经 107°53′05.97″),海拔 707m,出露灯影组白云岩、牛蹄塘组页岩和九门冲组灰岩,测量总厚约 134.1m(图 2-17)。底部灯影组为灰白色厚层块状白云岩。牛蹄塘组自下而上划分为 18 个层段:第 1 小层为黑色中厚层泥岩,单层厚约 6cm,层边界清晰,为裂缝观测层段(图 2-17);第 2 小层为黑色薄层泥岩,单层厚约 2cm,层边界清晰,为裂缝观测层段(图 2-17);第 3~5 小层为黑色中厚层碳质泥岩,含黑色镍、钼多金属层;第 6 小层为灰色薄层粉砂岩;第 7 小层为黑色中厚层碳质泥岩;第 8 小层为黑色中薄层碳质泥岩;第 9 小层为深灰色中薄层粉砂质泥岩;第 10 小层为黑色中薄层粉砂质页岩;第 11 小层为黑色中层碳质页岩;第 12 小层为黑色中层碳质泥岩;第 13 小层为黑色中薄层粉砂质泥岩;第 14 小层为黑色薄层粉砂质泥岩;第 15 小层为黑色薄层碳质页岩;第 16 小层为房屋覆盖;第 17 小层为黑色中层泥质粉砂岩;第 18 小层为黑色中薄层泥质粉砂岩。整条剖面牛蹄塘组岩性自下而上大体为黑色碳质泥岩→黑色粉砂质泥岩→黑色泥质粉砂岩,向上呈现砂质含量增多的趋势。顶部九门冲组为灰白色中厚层灰岩。

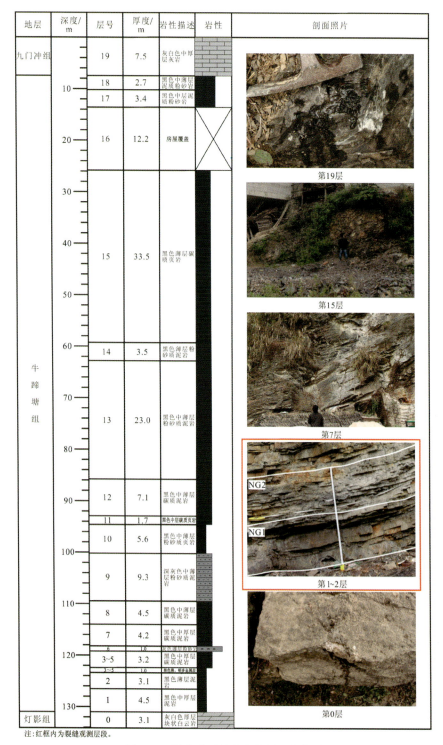

注:红框内为裂缝观测层段。

图 2-17 黔北地区丹寨南皋剖面柱状图

## 第二节 页岩物质组分

### 一、有机碳含量

涪陵地区 WL-A 井五峰组—龙马溪组页岩 TOC 含量介于 0.39%～5.65%之间,平均 1.99%;WL-B 井五峰组—龙马溪组页岩 TOC 含量介于 0.29%～5.27%之间,平均 1.97%; WL-C 井五峰组—龙马溪组页岩 TOC 含量介于 0.74%～4.48%之间,平均 1.97%。总体来看,涪陵地区五峰组—龙马溪组页岩 TOC 含量集中于 1%～2%之间(图 2-18),且随深度的增加具有增大的趋势(图 2-10)。岑巩地区 N-A 井牛蹄塘组页岩 TOC 含量介于 0.36%～10.49%之间,平均 3.78%,主要分布在 1%～5%之间(图 2-19),且随深度的增加具有先增大后减小的趋势(图 2-12)。此外,牛蹄塘组页岩 TOC 含量要明显高于五峰组—龙马溪组页岩。

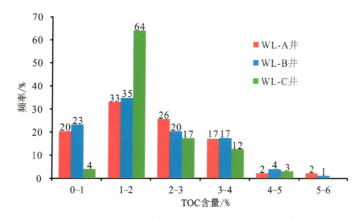

图 2-18 五峰组—龙马溪组页岩 TOC 含量分布图

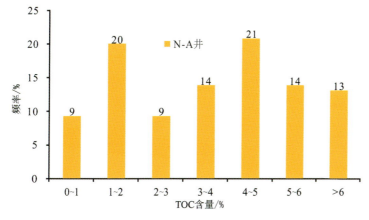

图 2-19 牛蹄塘组页岩 TOC 含量分布图

## 二、矿物成分

涪陵地区 WL-A 井五峰组—龙马溪组页岩矿物成分以石英和黏土为主,还含有少量的长石、碳酸盐矿物和黄铁矿。其中,石英含量介于 16.3%~73.8%之间,平均 39.4%;黏土含量介于 15.6%~64.2%之间,平均 38.1%;长石含量介于 2.2%~19.4%之间,平均 8.7%;碳酸盐矿物含量介于 0~49.3%之间,平均 9.6%;黄铁矿含量介于 0~11.1%之间,平均4.2%。WL-B 井五峰组—龙马溪组页岩矿物成分也是以石英和黏土为主,另外还含有少量的长石、碳酸盐矿物和黄铁矿。其中,石英含量介于 25.4%~71.2%之间,平均 39.0%;黏土含量介于 12.3%~67.6%之间,平均 42.2%;长石含量介于 2.5%~12.9%之间,平均 7.2%;碳酸盐矿物含量介于 0~54.6%之间,平均 8.4%;黄铁矿含量介于 0~9.0%之间,平均 3.2%。WL-C 井五峰组—龙马溪组页岩矿物成分同样是以石英和黏土为主,还含有少量的长石、碳酸盐矿物和黄铁矿。其中,石英含量介于 14.5%~75.5%之间,平均 37.2%;黏土含量介于 15.9%~67.8%之间,平均 42.8%;长石含量介于 1.8%~12.7%之间,平均 5.6%;碳酸盐矿物含量介于 1.8%~50.4%之间,平均 11.1%;黄铁矿含量介于 0~9.0%之间,平均 3.1%。岑巩地区 N-A 井牛蹄塘组页岩矿物成分以石英和黏土为主,但是黏土含量要低于涪陵地区五峰组—龙马溪组页岩,另外还含有少量的长石、碳酸盐矿物和黄铁矿。石英、黏土、长石、碳酸盐矿物和黄铁矿含量分别为 16.8%~73.0%、10.1%~43.2%、3.0%~17.4%、2.0%~44.1% 和 4.1%~20.2%,平均含量分别为 44.6%、23.6%、9.9%、11.5% 和 10.2%。从岩相三角图中可以看出:涪陵地区五峰组—龙马溪组页岩主要位于含硅黏土质页岩相(CM-1)、黏土/硅混合质页岩相(M-2)和含黏土硅质页岩相(S-3)(图 2-20),岑巩地区牛蹄塘组页岩主要位于黏土/硅混合质页岩相(M-2)、含黏土硅质页岩相(S-3)、混合硅质页岩相(S-2)和硅质页岩相(S)(图 2-21)。此外,从页岩气井综合柱状图中还可以看出:涪陵地区五峰组—龙马溪组页岩石英含量随深度的增加而增大,黏土含量随深度的增加而减小(图 2-10);岑巩地区牛蹄塘组页岩石英含量随深度的增加先增大后减小,黏土含量随深度的增加先减小后增大(图 2-12)。

## 三、岩相划分

前人对页岩岩相的划分主要是类似上文基于吴蓝宇等(2016)提出的页岩矿物成分三端元划分方案,将页岩岩相划分为硅质页岩相、钙质页岩相、黏土质页岩相和混合质页岩相四大类,在此基础上进一步划分为若干亚类。而页岩的物质组分包括无机矿物和有机质,且无机矿物和有机质都是控制页岩裂缝发育的重要因素,因此,本书考虑有机质的参与,对页岩岩相进一步细化。

从涪陵地区五峰组—龙马溪组不同岩相页岩 TOC 含量分布图中可以看出:TOC 含量在 3 种主要的岩相类型中表现出很大的差异,含硅黏土质页岩相(CM-1)<黏土/硅混合质页岩相(M-2)<含黏土硅质页岩相(S-3)(图 2-22)。WL-A 井、WL-B 井和 WL-C 井中:CM-1 岩相页岩 TOC 含量最小,平均分别为 0.80%、0.86% 和 1.50%;M-2 岩相页岩 TOC 含量中等,平均分别为 1.85%、1.89% 和 1.80%;S-3 岩相页岩 TOC 含量最大,平均大于 2%,分别为 2.42%、2.77% 和 2.47%。根据本区 TOC 含量实际分布情况,将 TOC 小于 1.5%、介于

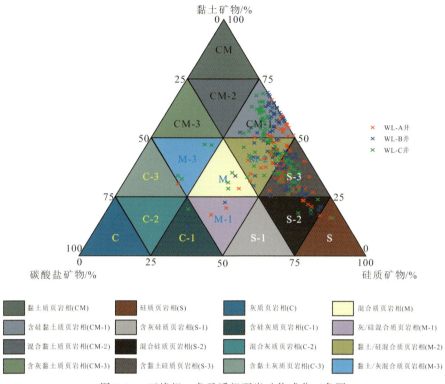

图 2-20 五峰组—龙马溪组页岩矿物成分三角图

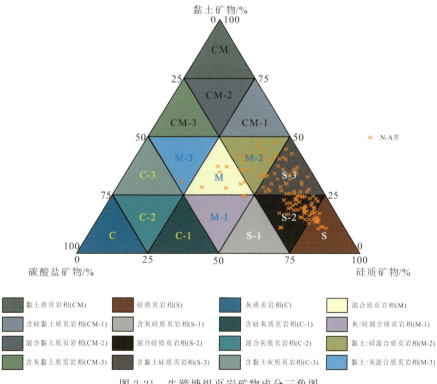

图 2-21 牛蹄塘组页岩矿物成分三角图

1.5%～2.0%之间和大于2.0%分别划分为贫有机碳页岩、含有机碳页岩和富有机碳页岩,再结合页岩岩相矿物成分的分类,可以将岩相进一步划分为贫有机碳含硅黏土质页岩相、含有机碳黏土/硅混合质页岩相和富有机碳含黏土硅质页岩相。依据页岩气井综合柱状图,贫有机碳含硅黏土质页岩相主要位于龙马溪组上段,含有机碳黏土/硅混合质页岩相主要位于龙马溪组中段,富有机碳含黏土硅质页岩相主要位于龙马溪组下段和五峰组(图2-10)。

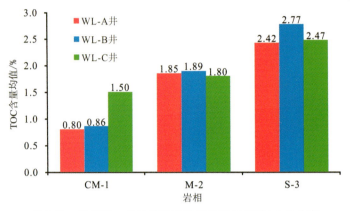

图2-22 五峰组—龙马溪组不同岩相页岩TOC含量分布

岑巩地区牛蹄塘组不同岩相页岩TOC含量分布图也展示出TOC含量在4种主要岩相类型中的较大差异,黏土/硅混合质页岩相(M-2)＜含黏土硅质页岩相(S-3)＜混合硅质页岩相(S-2)＜硅质页岩相(S)(图2-23)。N-A井中:M-2岩相页岩TOC含量最小,平均为1.54%;S-3岩相页岩TOC含量较小,平均为2.82%;S-2岩相页岩TOC含量较大,平均为5.05%;S岩相页岩TOC含量最大,平均为6.37%。首先根据本区TOC含量的分布将页岩划分为4个等级,贫有机碳页岩、低有机碳页岩、高有机碳页岩和富有机碳页岩,其次结合页岩岩相矿物成分的分类,将岩相进一步细分为贫有机碳黏土/硅混合质页岩相、低有机碳含黏土硅质页岩相、高有机碳混合硅质页岩相和富有机碳硅质页岩相。依据页岩气井综合柱状图,贫有机碳黏土/硅混合质页岩相主要位于牛蹄塘组上段,低有机碳含黏土硅质页岩相主要位于牛蹄塘组中上段,高有机碳混合硅质页岩相主要位于牛蹄塘组中段和下段,富有机碳硅质页岩相主要位于牛蹄塘组中下段(图2-12)。

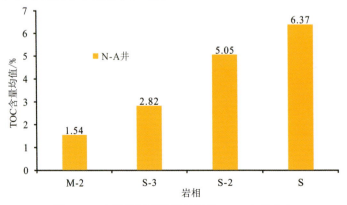

图2-23 牛蹄塘组不同岩相页岩TOC含量分布

# 第三章 页岩天然裂缝发育特征

本书基于上扬子典型地区分布的 5 口垂直取芯的页岩气井（涪陵地区：WL-A 井、WL-B 井和 WL-C 井；岑巩地区：N-A 井和 N-B 井）和 3 个野外剖面（渝东南地区：漆辽剖面和黄莺剖面；黔北地区：南皋剖面），在对页岩天然裂缝特征参数进行详细的观察、描述和统计分析的基础上，探讨了页岩天然裂缝发育特征。

本书从以下 8 个方面对页岩天然裂缝进行全面的观察和描述：①岩芯深度；②裂缝类型；③裂缝倾角；④裂缝长度；⑤裂缝充填情况；⑥裂缝滑移距；⑦裂缝面粗糙度；⑧裂缝密度。裂缝密度通过线密度进行评价，线密度是指岩芯中裂缝发生的频率（Zeng et al.，2013；Wang et al.，2016），定义为沿某一直线单位长度内裂缝的数量（Ortega et al.，2006）。由于在取芯和运输过程中，许多未充填的天然裂缝被错开，导致现今裂缝开度相对于地下原始裂缝开度存在较大差异，现今裂缝开度的统计数据将对地下原始裂缝开度的认识产生误导性结果，因此，本书暂不考虑裂缝开度。

此外，垂直取芯不利于在高角度和垂直裂缝附近取样，尤其是对于大规模裂缝，这些裂缝间隔很宽，通常大于 10cm 直径的钻孔。因此，即便这些裂缝存在于地下，岩芯也会错过许多这样的裂缝（Marrett et al.，1999；Ortega et al.，2006；Gale et al.，2014；Hooker et al.，2014）。故而，由于岩芯取样的限制，野外剖面的观察就显得尤为必要。本书选择具有连续出露且层边界清晰的野外剖面，利用拉测线的方法描述裂缝发育特征，并测量相对于特定页岩层的裂缝密度（Narr and Suppe，1991；Marrett et al.，1999；Ortega et al.，2006；Hooker et al.，2013，2014；Carminati et al.，2014；Gale et al.，2014；Ghosh et al.，2018）。野外剖面中的构造缝一般垂直于层面或与层面高角度相交，在这种情况下，沿着平行于层面、垂直（次垂直）于裂缝的测线，通过将裂缝数量除以测线长度来计算裂缝线密度，同时，测量相应的页岩层厚；沿着垂直于层面的测线，可以观察描述水平缝发育特征和计算其线密度。

## 第一节 宏观裂缝类型

根据地质成因、力学性质和形态特征，页岩野外剖面和钻井岩芯中的天然裂缝可以划分为构造缝和非构造缝两种成因类型。构造缝可进一步划分为张裂缝、剪切缝、张剪性裂缝和滑脱缝，而非构造缝可划分为层理缝、成岩收缩缝和异常高压缝（丁文龙等，2011，2012；龙鹏宇等，2011，2012；Ding et al.，2012，2013；Jiu et al.，2013；Zeng et al.，2013；Gale et al.，2014；王芳川等，2015；岳锋等，2015；陈世悦等，2016；郭旭升等，2016；王濡岳等，2016b，

2018a,2018b;Wang et al.,2016;尹帅等,2016;Zeng et al.,2016;朱利锋等,2016;Wang et al.,2017,2018;朱梦月等,2017;范存辉等,2018;舒志恒,2018;王幸蒙等,2018;Zhang et al.,2019a;Gu et al.,2020;Zhao et al.,2020;吴建发等,2021)。在这些类型的天然裂缝中,张裂缝、剪切缝、滑脱缝和层理缝占主导地位(其中张剪性裂缝是由张应力和剪应力共同作用形成的一种过渡型裂缝,裂缝性质介于张裂缝和剪切缝之间,研究区张剪性裂缝以剪切缝性质占主导,故而将其归为剪切缝),下文将对这些裂缝的发育特征分别进行详细的讨论。

## 一、张裂缝

当拉张构造应力超过页岩的抗张强度时,就会形成张裂缝。褶皱转折端附近地层弯曲产生的派生张应力是中国南方上扬子地区下古生界海相页岩张裂缝形成的主要原因(Zeng et al.,2016;朱利锋等,2016)。这种类型的裂缝通常垂直于层面,并且在层面处终止,受层所限,层内发育(图3-1～图3-3),通常被称为层内张裂缝。该类裂缝延伸较短,密集发育,裂缝面粗糙。涪陵地区五峰组—龙马溪组页岩和岑巩地区牛蹄塘组页岩岩芯张裂缝特征参数的频率分布表明:张裂缝属于垂直裂缝,裂缝倾角分布在75°～90°之间(图3-4a、d,图3-5a、d);裂缝长度很小,主要分布在0～5cm(图3-4b、e,图3-5b、e),其次是5～10cm(图3-5b)的范围内;所有的张裂缝都被方解石所充填(图3-2,图3-3,图3-4c、f,图3-5c、f)。

注:左为张裂缝照片;右为对应的素描图。

图3-1 野外剖面张裂缝迹线图

图 3-2 五峰组—龙马溪组页岩岩芯张裂缝照片
a. WL-B 井,2 616.10~2 616.11m;b. WL-B 井,2 617.41~2 617.45m;
c. WL-B 井,2 617.46~2 617.49m;d. WL-B 井,2 618.52~2 618.56m

图 3-3 牛蹄塘组页岩岩芯张裂缝照片
a. N-A 井,1 437.34~1 437.40m;b. N-A 井,1 443.65~1 443.68m;
c. N-B 井,1 785.09~1 785.15m;d. N-B 井,1 791.75~1 791.78m

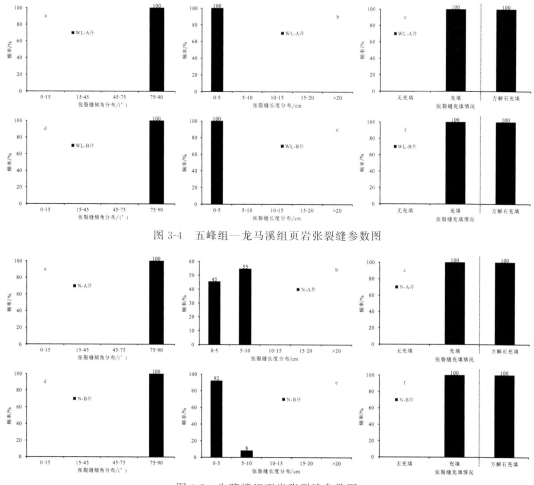

图 3-4　五峰组—龙马溪组页岩张裂缝参数图

图 3-5　牛蹄塘组页岩张裂缝参数图

## 二、剪切缝

剪切缝主要由页岩中与韧性剪切相关的破裂形成(Ding et al., 2012；Zeng et al., 2013；Wang et al., 2018)。Ding 等(2013)和 Wang 等(2017)进行了一系列力学实验,证实与砂岩和粉砂岩相比页岩具有更低的内聚力和内摩擦角值,也就是说,页岩的抗剪强度更低,因此,在相同的剪切应力作用下,页岩更容易发生剪切破裂,形成剪切缝或者滑脱缝的概率更高。剪切缝具有平直的裂缝面,与层面高角度斜交,延伸较远,通常切穿不同的地层,形成穿层裂缝(图 3-6)。此外,裂缝面通常具有明显的擦痕或者镜面特征(图 3-7c,图 3-8a),指示了剪切滑移。涪陵地区五峰组—龙马溪组页岩和岑巩地区牛蹄塘组页岩岩芯剪切缝特征参数的频率分布表明：五峰组—龙马溪组页岩剪切缝倾角分布在 15°~90°之间(图 3-9a、d、g),牛蹄塘组页岩剪切缝倾角分布在 75°~90°之间(图 3-10a、d),总体来说,剪切缝为高角度斜交缝;与张裂缝相比,剪切缝长度明显增加,主要分布在大于 10cm 的范围内(图 3-9b、e、h,图 3-10b、e),此外,大于 20cm 的裂缝也占有很大的比例(图 3-9b、h,图 3-10b);大部分剪切缝没有被充填(图 3-7a、c,图 3-8a,图 3-9c、f、i,图 3-10c、f),部分被方解石等矿物充填(图 3-7b,图 3-8b、c,图 3-9c、f、i,图 3-10c、f)。

第三章 页岩天然裂缝发育特征

注：左为剪切缝照片；右为对应的素描图。

图 3-6 野外剖面剪切缝迹线图

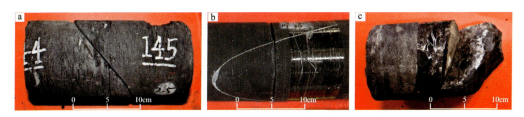

图 3-7 五峰组—龙马溪组页岩岩芯剪切缝照片

a. WL-B 井，2 539.88～2 539.96m；b. WL-B 井，2 587.81～2 588.01m；c. WL-C 井，3 412.39～3 412.56m

图 3-8 牛蹄塘组页岩岩芯剪切缝照片

a. N-A 井，1 455.42～1 455.67m；b. N-B 井，1 812.45～1 812.55m；c. N-B 井，1 815.69～1 815.84m

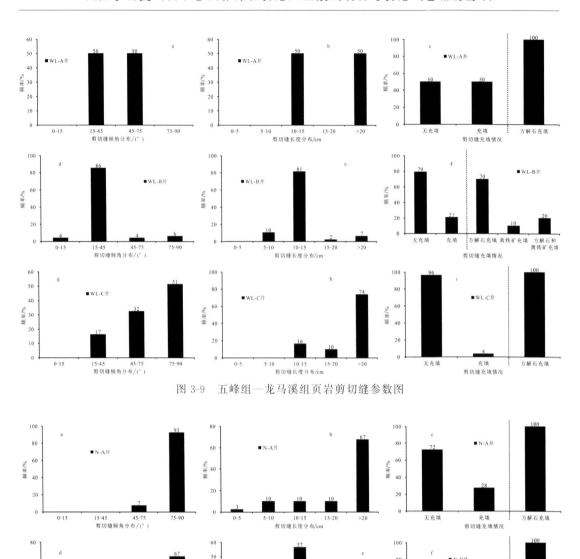

图 3-9　五峰组—龙马溪组页岩剪切缝参数图

图 3-10　牛蹄塘组页岩剪切缝参数图

## 三、滑脱缝

构造挤压或伸展过程中产生的顺层剪切或者滑脱作用,导致塑性页岩层沿着层面相对运动产生滑脱缝(Ding et al.,2012,2013;Zeng et al.,2013;Wang et al.,2016;Zeng et al.,2016;Wang et al.,2017,2018)。裂缝面通常具有明显的擦痕、阶步或者光滑的镜面特征,没有物质充填(图 3-11,图 3-12)。这类裂缝的发育程度在很大限度上受地层倾角的影响,地层倾角越大,顺层滑动越强烈,滑脱缝越发育。Zeng等(2016)对四川盆地东南部下古生界海相页岩的研究得出:在倾角小于20°的页岩地层中,滑脱缝不发育;当地层倾角变大时,沿着层面产生滑脱缝,且随着地层倾角的增大滑脱缝发育程度增加。

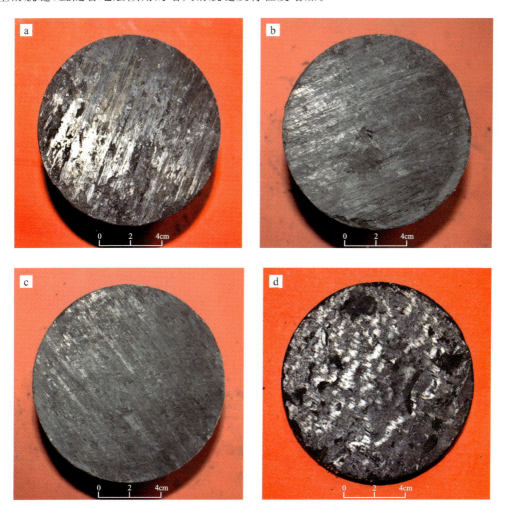

图3-11　五峰组—龙马溪组页岩岩芯滑脱缝照片

a. WL-B井,2 603.13m;b. WL-B井,2 603.97m;c. WL-B井,2 604.07m;d. WL-B井,2 614.35m

## 四、层理缝

与其他岩石相比,页岩具有沉积页理高度发育的特点,这些页理是页岩中的薄弱面(Ding et al.,2013;Wang et al.,2016;Zeng et al.,2016;Wang et al.,2017,2018;Zhang et al.,2019a),在各种地质应力作用下沿着这些页理面可以形成大量的层间页理缝(图3-13a~c,图3-14a)。层理缝的具体成因目前尚存争议,有学者研究认为随着泥页岩压实作用的进行,其中的片状黏土矿物趋于平行岩层面定向排列,并反复叠加、塑性变形,片状黏土矿物之间形成极好的层理缝(胡东风等,2014)。另有学者研究指出层理缝主要是在成岩固结过程中,页理由于失水发生横向收缩破裂而形成的(龙鹏宇等,2011,2012;岳锋等,2015)。但大多数学者普遍认同层理缝是在地层抬升过程中,随着上覆压力变小,地层内部超压释放

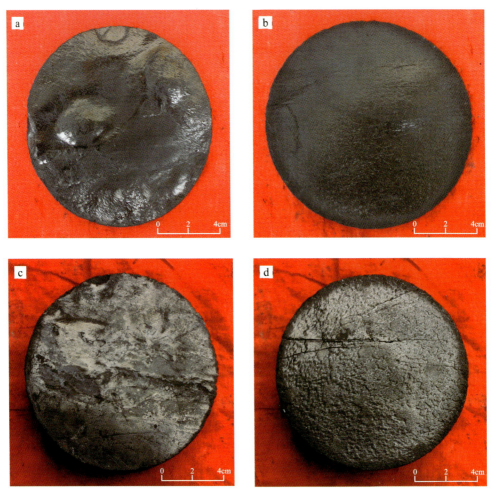

图 3-12 牛蹄塘组页岩岩芯滑脱缝照片

a.N-B井,1 786.11m;b.N-B井,1 790.18m;c.N-B井,1 812.06m;d.N-B井,1 812.09m

而形成的(Cobbold and Rodrigues,2007;Cobbold et al.,2013;Jiu et al.,2013;张士万等,2014;张烨等,2015;Zhang et al.,2019a;Xu et al.,2021;Zeng et al.,2021)。在燕山晚期,中国南方上扬子地区下寒武统牛蹄塘组页岩和上奥陶统五峰组—下志留统龙马溪组页岩达到最大的埋深和产气高峰,页岩层内部逐渐形成超压系统。随后,燕山晚期至今,地层遭受强烈的挤压抬升,天然构造缝广泛发育,同时由于隆升,厚度大于3000m的沉积物被剥蚀,页岩层上覆压力显著降低,页岩层所受的有效压力减小和内部超压释放,先前形成的闭合裂缝将重新开启,并且沿着页理薄弱面形成大量的层理缝。这类裂缝通常具有光滑的裂缝面,与滑脱缝的主要区别在于层理缝表面没有擦痕、阶步或者镜面特征。此外,不同岩性岩层之间结合更为薄弱,在地质应力作用下,更易形成层理缝(图3-13d)。涪陵地区五峰组—龙马溪组页岩和岑巩地区牛蹄塘组页岩层理缝充填情况反映出:大部分层理缝没有被充填,仅有少部分被黄铁矿、方解石或者黄铁矿和方解石共同充填(图3-13e～g,图3-14b、c,图3-15,图3-16)。

## 第三章 页岩天然裂缝发育特征

图 3-13 五峰组—龙马溪组页岩岩芯层理缝照片

a. WL-A 井, 2 337.89~2 337.99m; b. WL-A 井, 2 348.08~2 348.14m; c. WL-A 井, 2 349.78~2 349.84m;
d. WL-B 井, 2 613.84m, 2 613.85m; e. WL-B 井, 2 588.01m; f. WL-B 井, 2 565.98m; g. WL-C 井, 3 453.54m

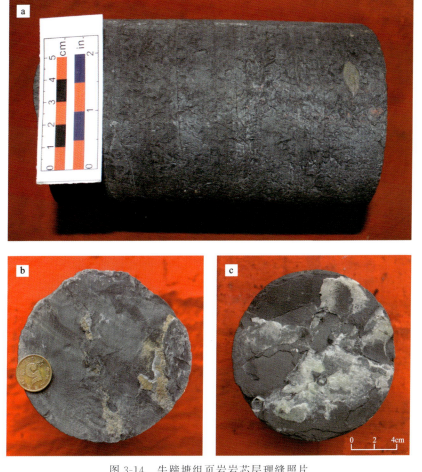

图 3-14 牛蹄塘组页岩岩芯层理缝照片

a. N-A 井, 1 440.04~1 440.11m; b. N-A 井, 1 441.38m; c. N-A 井, 1 465.64m

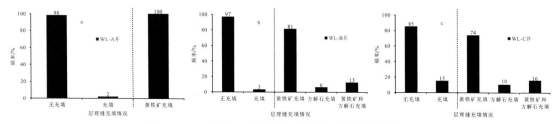

图 3-15　五峰组—龙马溪组页岩层理缝充填参数图

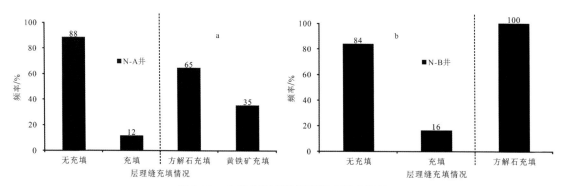

图 3-16　牛蹄塘组页岩层理缝充填参数图

## 第二节　宏观裂缝分布特征

### 一、纵向相同构造位置不同岩相页岩裂缝密度对比

涪陵地区 WL-A 井、WL-B 井和 WL-C 井中五峰组—龙马溪组页岩裂缝密度分布柱状图显示,纵向上裂缝(层理缝和构造缝)的分布具有三段式特征:龙马溪组上段贫有机碳含硅黏土质页岩裂缝不发育,龙马溪组中段含有机碳黏土/硅混合质页岩裂缝较发育,龙马溪组下段和五峰组富有机碳含黏土硅质页岩裂缝发育(图 3-17)。对于 WL-A 井,龙马溪组上段贫有机碳含硅黏土质页岩,总裂缝平均密度为 2 条/m;龙马溪组中段含有机碳黏土/硅混合质页岩,总裂缝平均密度为 7 条/m;龙马溪组下段和五峰组富有机碳含黏土硅质页岩,总裂缝平均密度为 14 条/m。对于 WL-B 井,龙马溪组上段贫有机碳含硅黏土质页岩,总裂缝平均密度为 3 条/m;龙马溪组中段含有机碳黏土/硅混合质页岩,总裂缝平均密度为 7 条/m;龙马溪组下段和五峰组富有机碳含黏土硅质页岩,总裂缝平均密度为 8 条/m。对于 WL-C 井,龙马溪组上段贫有机碳含硅黏土质页岩,总裂缝平均密度为 1 条/m;龙马溪组中段含有机碳黏土/硅混合质页岩,总裂缝平均密度为 2 条/m;龙马溪组下段和五峰组富有机碳含黏土硅质页岩,总裂缝平均密度为 6 条/m。总体来看,裂缝密度随深度的增加而逐渐增大,具有与 TOC 和石英含量相同的变化趋势(图 3-17)。

岑巩地区 N-A 井和 N-B 井中牛蹄塘组页岩裂缝密度分布柱状图显示,纵向上裂缝(层理缝和构造缝)的分布具有五段式特征:牛蹄塘组上段贫有机碳黏土/硅混合质页岩裂缝不发育,牛蹄塘组中上段低有机碳含黏土硅质页岩裂缝较发育,牛蹄塘组中段高有机碳混合硅质

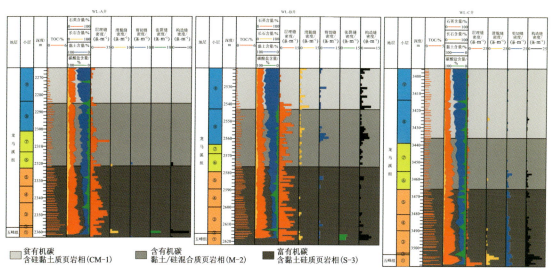

图 3-17 五峰组—龙马溪组页岩裂缝密度对比图

页岩裂缝发育,牛蹄塘组中下段富有机碳硅质页岩裂缝较发育,牛蹄塘组下段高有机碳混合硅质页岩裂缝发育(图 3-18)。对于 N-A 井,牛蹄塘组上段贫有机碳黏土/硅混合质页岩,总裂缝平均密度为 3 条/m;牛蹄塘组中上段低有机碳含黏土硅质页岩,总裂缝平均密度为 4 条/m;牛蹄塘组中段高有机碳混合硅质页岩,总裂缝平均密度为 15 条/m;牛蹄塘组中下段富有机碳硅质页岩,总裂缝平均密度为 8 条/m;牛蹄塘组下段高有机碳混合硅质页岩,总裂缝平均密度为 11 条/m。对于 N-B 井,牛蹄塘组上段贫有机碳黏土/硅混合质页岩,总裂缝平均密度为 9 条/m;牛蹄塘组中上段低有机碳含黏土硅质页岩,总裂缝平均密度为 13 条/m;牛蹄塘组中段高有机碳混合硅质页岩,总裂缝平均密度为 30 条/m;牛蹄塘组中下段富有机碳硅质页岩,总裂缝平均密度为 15 条/m;牛蹄塘组下段高有机碳混合硅质页岩,总裂缝平均密度为 19 条/m。总体来看,裂缝密度随深度的增加呈现出先增大后减小再增大的特点,与 TOC 和石英含量的关系是裂缝密度随着 TOC 和石英含量的增加而增大,但当 TOC 和石英含量增加到一定值时,裂缝密度反而减小(图 3-18)。

## 二、横向相同岩相不同构造位置页岩裂缝密度对比

横向上,涪陵地区 WL-A 井、WL-B 井和 WL-C 井页岩裂缝发育特征存在差异,主要表现为构造缝发育特征的差异。WL-B 井和 WL-C 井的构造变形强度大于 WL-A 井,使得相同岩相页岩 WL-B 井和 WL-C 井的构造缝密度明显高于 WL-A 井(图 3-17)。具体来看,对于龙马溪组上段贫有机碳含硅黏土质页岩,WL-A 井构造缝平均密度为 0 条/m,WL-B 井构造缝平均密度为 2 条/m,WL-C 井构造缝平均密度为 0 条/m。对于龙马溪组中段含有机碳黏土/硅混合质页岩,WL-A 井构造缝平均密度为 0 条/m,WL-B 井构造缝平均密度为 2 条/m,WL-C 井构造缝平均密度为 1 条/m。对于龙马溪组下段和五峰组富有机碳含黏土硅质页岩,WL-A 井构造缝平均密度为 0 条/m,WL-B 井构造缝平均密度为 1 条/m,WL-C 井构造缝平均密度为 4 条/m。岑巩地区位于四川盆地外部强变形区,与位于四川盆地周缘弱变形的涪陵地区相

比构造缝更加发育(图 3-18)。其中,岑巩地区 N-A 井和 N-B 井牛蹄塘组全段页岩构造缝平均密度分别为 2 条/m 和 8 条/m,总体大于涪陵地区 WL-A 井、WL-B 井和 WL-C 井五峰组—龙马溪组全段页岩构造缝平均密度(分别为 0 条/m、1 条/m 和 2 条/m)。

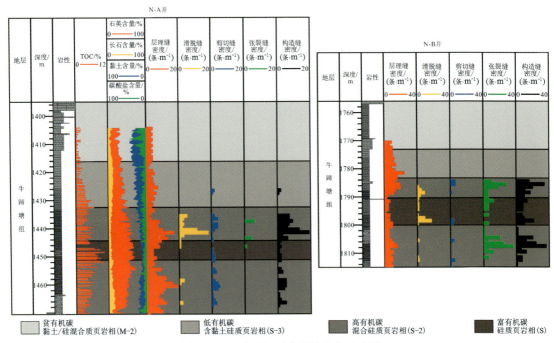

图 3-18 牛蹄塘组页岩裂缝密度对比图

另外,涪陵地区相同岩相页岩,WL-A 井和 WL-B 井的层理缝密度大于 WL-C 井(图 3-17)。由前文层理缝成因可知,层理缝密度的差异可能是地层差异构造抬升的结果。WL-A 井和 WL-B 井中五峰组—龙马溪组页岩地层目前埋深明显小于 WL-C 井(图 3-17),表明 WL-A 井和 WL-B 井中地层经历了更加强烈的构造抬升和剥蚀,从而与 WL-C 井相比页岩地层上覆压力显著减小,而上覆压力的显著减小将促进层理缝沿着层理薄弱面扩展,进而导致更大的层理缝密度。

此外,将不同岩相页岩中层理缝密度与构造缝密度进行对比,发现层理缝是中国南方上扬子地区下古生界海相页岩中最为常见的裂缝类型,无论是构造变形较弱还是构造变形强烈的地区,层理缝都较为发育;构造缝在变形较弱的地区不发育,在变形强烈的地区密度增加,甚至超过层理缝密度(图 3-17,图 3-18)。具体来看,对于 WL-A 井,龙马溪组上段贫有机碳含硅黏土质页岩,层理缝平均密度为 2 条/m,构造缝平均密度为 0 条/m;龙马溪组中段含有机碳黏土/硅混合质页岩,层理缝平均密度为 7 条/m,构造缝平均密度为 0 条/m;龙马溪组下段和五峰组富有机碳含黏土硅质页岩,层理缝平均密度为 14 条/m,构造缝平均密度为 0 条/m。对于 WL-B 井,龙马溪组上段贫有机碳含硅黏土质页岩,层理缝平均密度为 1 条/m,构造缝平均密度为 2 条/m;龙马溪组中段含有机碳黏土/硅混合质页岩,层理缝平均密度为 5 条/m,构造缝平均密度为 2 条/m;龙马溪组下段和五峰组富有机碳含黏土硅质页岩,层理缝平均密度为 7 条/m,构造缝平均密度为 1 条/m。对于 WL-C 井,龙马溪组上段贫有机碳含硅黏土质页岩,层理缝平均密度为0条/m,构造缝平均密度为0条/m;龙马溪组中段含有机碳黏土/硅混合质页岩,层理缝平均密度为1条/m,构造缝平均密度为1条/m;龙马溪组下段和五峰组富有机碳含黏土硅质页岩,层理缝平均密度为2条/m,构造缝平均密度为4条/m。对于N-A井,牛蹄塘组上段贫有机碳黏土/硅混合质页岩,层理缝平均密度为3条/m,构造缝平均密度为0条/m;牛蹄塘组中上段低有机碳含黏土硅质页岩,层理缝平均密度为4条/m,构造缝平均密度为0条/m;牛蹄塘组中段高有机碳混合硅质页岩,层理缝平均密度为8条/m,构造缝平均密度为7条/m;牛蹄塘组中下段富有机碳硅质页岩,层理缝平均密度为6条/m,构造缝平均密度为2条/m;牛蹄塘组下段高有机碳混合硅质页岩,层理缝平均密度为9条/m,构造缝平均密度为2条/m。对于N-B井,牛蹄塘组上段贫有机碳黏土/硅混合质页岩,层理缝平均密度为9条/m,构造缝平均密度为0条/m;牛蹄塘组中上段低有机碳含黏土硅质页岩,层理缝平均密度为13条/m,构造缝平均密度为0条/m;牛蹄塘组中段高有机碳混合硅质页岩,层理缝平均密度为14条/m,构造缝平均密度为15条/m;牛蹄塘组中下段富有机碳硅质页岩,层理缝平均密度为6条/m,构造缝平均密度为10条/m;牛蹄塘组下段高有机碳混合硅质页岩,层理缝平均密度为9条/m,构造缝平均密度为10条/m。页岩野外剖面天然裂缝密度的统计也具有类似的发育特征,不同构造位置页岩野外剖面水平层理缝普遍较为发育(图3-19),高角度构造缝在盆外强变形的黔北地区密度增加。

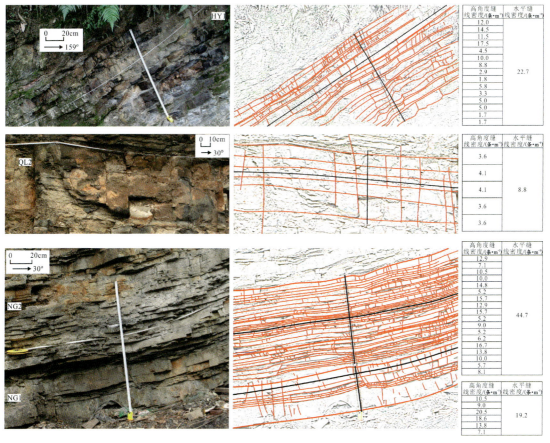

图3-19 野外剖面水平层理缝与高角度构造缝密度对比

## 第三节　微观裂缝发育特征

野外剖面和钻井岩芯中的宏观裂缝(毫米级至厘米级开度,厘米级至米级长度)肉眼直接可见,而微观裂缝开度小于 0.1 mm,长度小于 10 mm(Ding et al.,2013;Anders et al.,2014)只能通过光学显微镜或者扫描电镜来进行观察。场发射扫描电镜图像显示:研究区 3 口钻井的五峰组—龙马溪组页岩中存在大量的微裂缝,裂缝类型主要包括粒间缝、粒内缝和粒缘缝。在有机质生烃过程中,脱水和由此产生的收缩导致有机质体积减小,并在其周围形成粒间缝(图 3-20a、b)(Ougier-Simonin et al.,2016;Xu et al.,2020)。在强烈的压实和构造挤压情

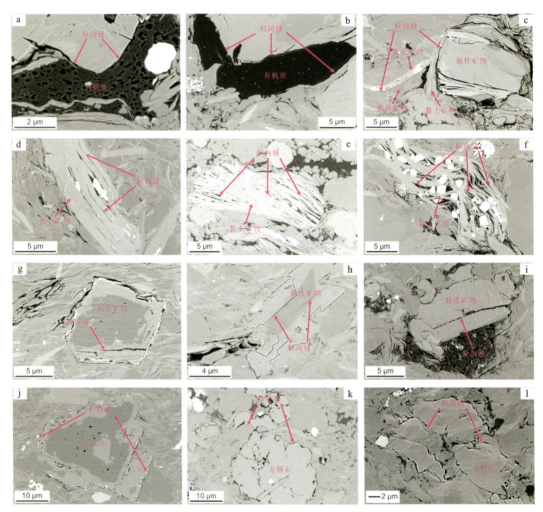

图 3-20　页岩岩芯微裂缝典型照片

a. WL-A 井,2 350.30 m,有机质边缘粒间缝;b. WL-C 井,3 494.21 m,有机质边缘粒间缝;c. WL-B 井,2 572.28 m,矿物颗粒间粒间缝;d. WL-A 井,2 277.59 m,黏土矿物粒内缝;e. WL-A 井,2 341.34 m,黏土矿物粒内缝;f. WL-B 井,2 572.28 m,黏土矿物粒内缝;g. WL-A 井,2 271.72 m,脆性矿物粒内缝;h. WL-B 井,2 538.95 m,脆性矿物粒内缝;i. WL-C 井,3 416.82 m,脆性矿物粒内缝;j. WL-A 井,2 271.72 m,碳酸盐矿物周缘粒缘缝;k. WL-B 井,2 598.12 m,碳酸盐矿物周缘粒缘缝;l. WL-C 井,3 494.21 m,碳酸盐矿物周缘粒缘缝

况下，矿物颗粒之间的线性接触可以形成粒间缝（图 3-20c）(Zeng and Li，2009；Zeng et al.，2010；Xu et al.，2020）。黏土矿物成岩过程中发生脱水收缩和矿物相变，导致黏土矿物体积减小，并沿其解理形成大量粒内缝（图 3-20d～f）（郭旭升等，2016；王幸蒙等，2018）。石英、长石和碳酸盐矿物等脆性矿物，具有低泊松比和高杨氏模量，因此，在外力作用下容易发生脆性破裂，形成粒内缝（图 3-20g～i）（Xu et al.，2020）。粒内缝的长度受矿物颗粒直径所限。生烃过程中产生大量酸性流体，通过溶蚀作用在碳酸盐矿物颗粒周缘形成环状粒缘缝（图 3-20j～l）（Allan et al.，2014）。

页岩中的微裂缝，一方面增加了有效孔隙度，有利于页岩气的聚集；另一方面将原始孤立的孔隙连通，形成孔隙-裂缝网络，从而提高了页岩中气体的流动能力，并促进了气体向水力诱导裂缝的渗流。因此，页岩中的微裂缝可以显著提高页岩气储层的产能。

# 第四章 页岩天然裂缝发育主控因素

影响页岩天然裂缝发育的因素有很多,总体可分为外部的构造因素和内部的非构造因素(Narr et al.,2006;丁文龙等,2011,2012;龙鹏宇等,2011,2012;Ding et al.,2012,2013;Jiu et al.,2013;Zeng et al.,2013;Gale et al.,2014;王芳川等,2015;岳锋等,2015;陈世悦等,2016;郭旭升等,2016;王濡岳等,2016b,2018a,2018b;Wang et al.,2016;尹帅等,2016;Zeng et al.,2016;朱利锋等,2016;Wang et al.,2017,2018;朱梦月等,2017;范存辉等,2018;舒志恒,2018;王幸蒙等,2018;Zhang et al.,2019a;Gu et al.,2020;Lorenz and Cooper,2020;Zhao et al.,2020;吴建发等,2021)。构造作用是影响构造缝发育的外部因素,构造缝在构造应力集中和释放过程中形成。影响页岩天然裂缝发育的非构造因素主要包括 TOC 含量、页岩矿物成分、页岩岩相和页岩层厚等。

## 第一节 构造因素

中国南方上扬子地区构造变形强烈,页岩地层断裂和褶皱发育,页岩天然裂缝的发育程度与所处的断裂和褶皱部位密切相关。

五峰组—龙马溪组页岩气井 WL-A 井和 WL-B 井位于涪陵页岩气田焦石坝平缓箱状断背斜的核部,但相对于 WL-A 井,WL-B 井更靠近区内东南部的石门断裂带,导致相同岩相页岩 WL-B 井构造缝相较于 WL-A 井整体更为发育(图4-1)。其中,贫有机碳含硅黏土质页岩,WL-A 井构造缝平均密度为 0 条/m,WL-B 井构造缝平均密度为 2 条/m;含有机碳黏土/硅混合质页岩,WL-A 井构造缝平均密度为 0 条/m,WL-B 井构造缝平均密度为 1 条/m;富有机碳含黏土硅质页岩,WL-A 井构造缝平均密度为 0 条/m,WL-B 井构造缝平均密度为 1 条/m。此外,据川东南丁山地区芭蕉湾逆断层两盘龙马溪组页岩天然构造缝的观测与统计(图4-2),该断层上盘(即上升盘)地层产状为 43°∠13°,下盘(即下降盘)地层产状为 43°∠28°。下盘距断层面 60m 以内的范围,构造缝相对发育,裂缝密度平均在 35 条/m² 以上,最高达到 42.4 条/m²;而在距离断层面 60m 以上的范围,构造缝密度急剧下降并趋于平缓,变化范围在 12.2～26.7 条/m²(范存辉等,2018。该文献计算的密度为面密度)。结果表明:该断层下盘存在一个临界范围(60m 左右),在临界范围以内,构造缝密度大,主要受断层的控制,可归为"断层控制裂缝发育带";大于此临界范围,构造缝密度明显降低且趋于稳定,主要受区域构造控制,可归为"区域控制裂缝发育带"。构造缝发育程度与距断层面距离的变化在断层上盘也具有类似的趋势。该断层上盘距离断层面 30m 之内范围构造缝发育,密度较大,平均在

25条/m²以上;距离断层面30m以上的区域,也出现了构造缝密度变小并趋于平缓的变化规律,变化范围在10.3~19.6条/m²。但相比下盘而言,上盘总体构造缝发育程度较差,推断是该断层上盘岩层倾角小于下盘岩层倾角导致,下盘倾角相对较大,对裂缝发育程度的控制范围比上盘更大,表现为下盘"断层控制裂缝发育带"大于上盘,且在相同范围内,下盘构造缝密度普遍大于上盘构造缝密度。

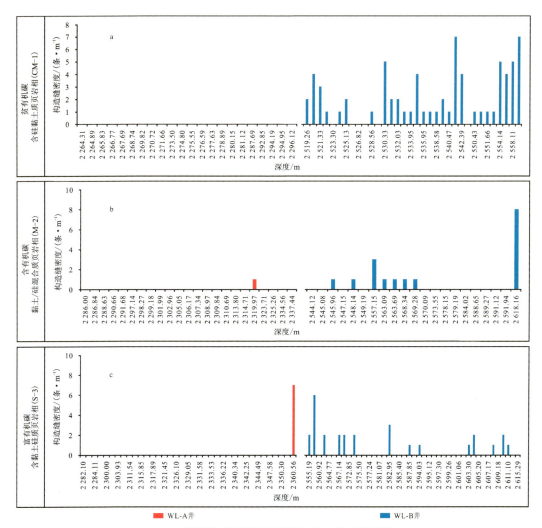

图 4-1 相同岩相不同断层距离页岩构造缝密度对比

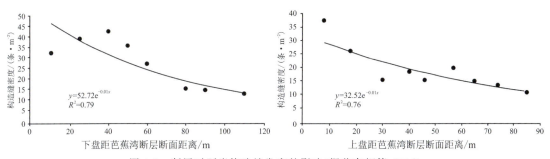

图 4-2 断层对页岩构造缝发育的影响(据范存辉等,2018)

将位于涪陵页岩气田焦石坝平缓箱状断背斜的五峰组—龙马溪组页岩气井 WL-A 井和位于涪陵页岩气田平桥紧闭圆弧断背斜的五峰组—龙马溪组页岩气井 WL-C 井进行比较,可以发现相同岩相页岩 WL-C 井构造缝明显较 WL-A 井更为发育(图 4-3)。其中,贫有机碳含硅黏土质页岩,WL-A 井构造缝平均密度为 0 条/m,WL-C 井构造缝平均密度为 0 条/m;含有机碳黏土/硅混合质页岩,WL-A 井构造缝平均密度为 0 条/m,WL-C 井构造缝平均密度为 1 条/m;富有机碳含黏土硅质页岩,WL-A 井构造缝平均密度为 0 条/m,WL-C 井构造缝平均密度为 3 条/m。这表明地层变形强烈,构造曲率较高的位置,更易于构造缝的形成。此外,川东南南川地区分别选取距离龙骨溪背斜和金佛山向斜核部 5km 范围内,层厚约 20cm 的龙马溪组页岩,进行页岩构造缝统计(图 4-4)。如图 4-4 所示,随着距褶皱核部距离的增加,构造缝密度变小的趋势十分明显。另外,与断层类似,构造缝密度随着距褶皱核部距离的变化也存在临界范围(龙骨溪背斜:1000m;金佛山向斜:500m)。在此范围内,构造缝密度较大,裂

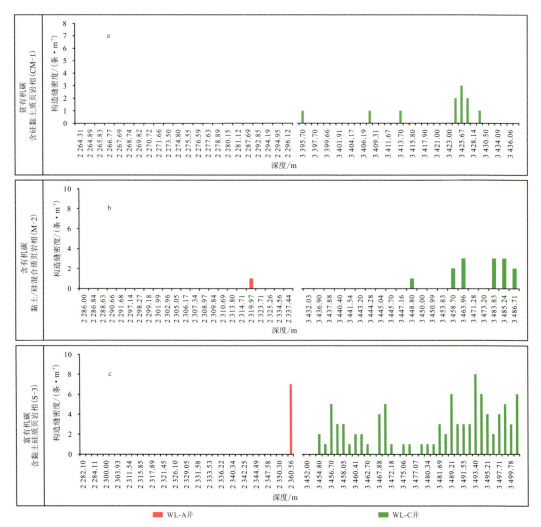

图 4-3 相同岩相不同背斜曲率页岩构造缝密度对比

缝最为发育,主要受褶皱的控制,可归为"褶皱控制裂缝发育带";大于此临界范围,构造缝密度随着距褶皱核部距离的增加而快速减小并趋于平稳,主要受区域构造控制,可归为"区域控制裂缝发育带"。

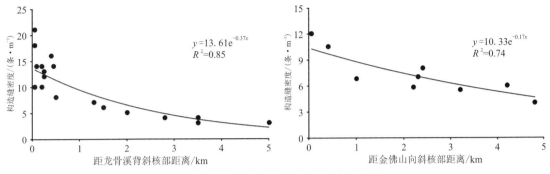

图 4-4 褶皱对页岩构造缝发育的影响(据方辉煌,2016)

此外,研究还发现构造缝密度与距断层和褶皱核部的距离存在良好的指数关系(图 4-2、图 4-4),根据该关系可以预测距断层或者褶皱核部特定距离一定厚度的页岩层内构造缝的发育程度。

总体来说,页岩天然构造缝的发育程度明显受控于构造部位,靠近断层和褶皱核部的临界范围内构造缝较为发育,随着距离的增加临界范围以外裂缝发育程度减弱且趋于稳定。距离断层或者褶皱核部较近的部位,过于发育的构造缝可能会导致页岩层与顶板相互贯穿连通而造成页岩气的逸散;距离断层或者褶皱核部一定的范围,构造缝较发育的部位,则可以有效增加游离气的存储空间和促进吸附气的解吸,有利于页岩气的聚集。后续研究中,由于不同类型构造缝对页岩气富集影响不同,故而应该区分裂缝类型,分别讨论不同类型裂缝的发育程度与距离断层和褶皱核部的关系,综合分析找出有利于页岩气聚集的部位。

## 第二节 非构造因素

### 一、有机碳含量

有机碳是影响页岩天然裂缝发育的另一重要因素。Ding 等(2012)将页岩中 TOC 含量与天然裂缝发育的关系分为以下 4 类:①TOC 含量<2.0%,裂缝不发育;②TOC 含量介于 2.0%~4.5%之间,裂缝发育中等;③TOC 含量介于 4.5%~7.0%之间,裂缝发育好;④TOC 含量>7.0%,裂缝发育极好。本书中,五峰组—龙马溪组页岩天然裂缝密度与 TOC 含量呈现出正相关关系(图 4-5a),特别是当页岩 TOC 含量大于 4%时,裂缝密度大于 10 条/m。

前人研究表明,TOC 含量相对较高的页岩通常具有较高发育程度的页理(Ding et al., 2013;Ghosh et al.,2018)。根据黄莺剖面的研究,高 TOC 含量页岩层(图 4-6a、d)相对于低 TOC 含量页岩层(图 4-6b、c)页理更为发育。因此,高 TOC 含量页岩页理发育,更容易产生

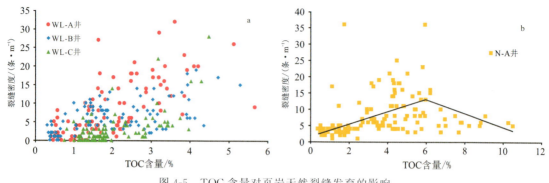

图 4-5 TOC 含量对页岩天然裂缝发育的影响

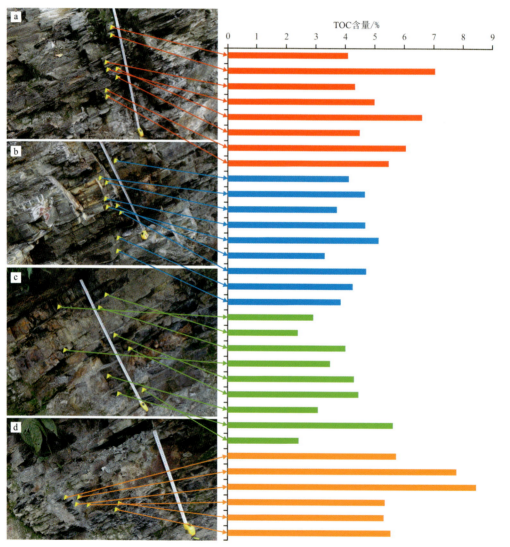

图 4-6 TOC 含量对页岩页理发育的影响

a、d. 黄莺剖面页理相对发育层段；b、c. 黄莺剖面页理相对不发育层段

页理缝，也更有利于页岩层的相对滑动，形成滑脱缝。更重要的是，高 TOC 含量页岩在有机

质热演化过程中会生成更多的气体(图 4-7),增加孔隙流体压力使地层形成异常高压。值得一提的是,中国南方上扬子地区经历了两个主要的构造阶段,包括加里东期(晚震旦世—志留纪)至燕山晚期(晚白垩世)的强烈沉降以及燕山晚期以后大范围的隆升和剥蚀(图 4-8)。在燕山晚期,下寒武统牛蹄塘组页岩和上奥陶统五峰组—下志留统龙马溪组页岩达到最大埋深和产气高峰。随后,研究区在燕山晚期—喜马拉雅期经历了强烈的挤压应力,地层急剧抬升。由于构造抬升,超过 3000m 厚的沉积物被剥蚀,导致页岩层上覆压力显著降低。基于应力莫尔圆分析可知(图 4-9),随着超压的形成和上覆压力的降低,作用在页岩层上的有效应力减小,导致莫尔圆整体向左移动。当上覆压力降低到一定程度时,随着孔隙流体压力逐渐大于上覆压力,有效应力由正应力(压应力)向负应力(张应力)转变,莫尔圆在拉张应力场中继续增大,当接触到岩石的破裂包络线时,则由于拉张破裂,易沿着薄弱的页理面形成顺层裂缝。这一观点与许多前人的研究相一致(Cobbold and Rodrigues,2007;Cobbold et al.,2013;Jiu et al.,2013;张士万等,2014;张烨等,2015;Zhang et al.,2019a;Xu et al.,2021;Zeng et al.,2021)。综上所述,TOC 含量较高的页岩在有机质热演化过程中生成大量烃类气体,增加了页岩地层的孔隙流体压力,当孔隙流体压力超过上覆压力时,将沿着层理薄弱面形成层理缝。同时,富有机碳页岩在生烃过程中产生大量有机孔隙(图 4-10a~c),并且,由于有机质热演化,产生大量酸性流体,通过溶解长石、碳酸盐矿物等形成大量溶蚀孔(缝)(图 4-10d~f)。因此,高 TOC 含量页岩中有机质生烃演化很大程度上增加了页岩孔隙数量,从而降低了页岩内部结构的稳定性(Gu et al.,2020),使页岩更容易破裂。此外,许多研究还发现,上扬子地区下古生界海相页岩石英主要是生物成因,硅质矿物主要来自于放射虫、硅藻和海绵骨针等生物的硅质骨架,这些生物也是形成有机碳的物质来源,促进了有机碳的富集,因此,这类海相页岩中 TOC 含量与石英含量存在较好的正相关性(王淑芳等,2014;Wu et al.,2016;Wu et al.,2017)。美国 Fort Worth 盆地 Barnett 页岩(Jarvie et al.,2007)和加拿大 Horn River 盆地泥盆纪页岩(Chalmers et al.,2012)也发现了类似的相关关系。在本书中,TOC 含量与石英含量呈现明显的正相关关系(图 4-11),表明高 TOC 含量页岩具有高的脆性度。因此,TOC 含量较高的页岩在外力作用下更易产生构造缝。

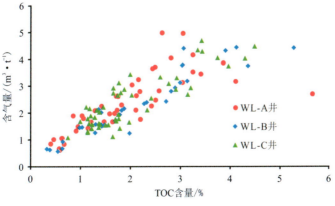

图 4-7 TOC 含量与含气量的关系

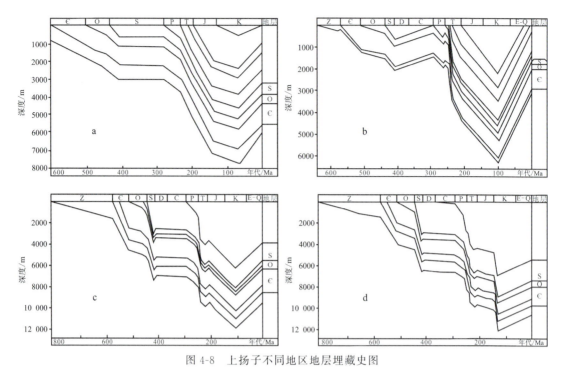

图 4-8 上扬子不同地区地层埋藏史图

a.川南地区(据龙鹏宇,2011);b.川西南地区(据朱光有等,2006);c.川东—鄂西地区(据陶树等,2009);d.渝东南—湘西地区(据陶树等,2009)

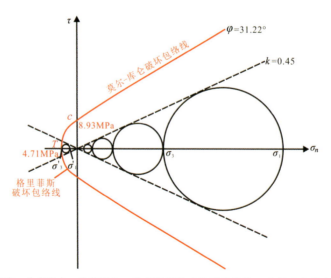

注:$T$ 为抗拉强度;$c$ 为内聚力;$\tau$ 为剪应力;$\varphi$ 为内摩擦角;$k$ 为弹性常数;$\sigma_1$ 为最大主应力;$\sigma_n$ 为正应力(正值表示压缩,负值表示拉张);$\sigma_3$ 为最小主应力。

图 4-9 涪陵地区五峰组—龙马溪组页岩应力莫尔圆随异常压力变化的演化(据 Xu et al.,2021)

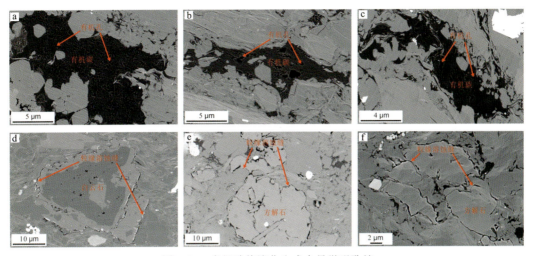

图 4-10　有机碳热演化生成大量微观孔缝

a. WL-A 井,2 350.30m;b. WL-B 井,2 310.84m;c. WL-C 井,3 499.78m;
d. WL-A 井,2 271.72m;e. WL-B 井,2 341.34m;f. WL-C 井,3 494.21m

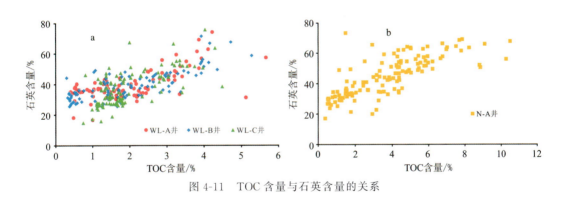

图 4-11　TOC 含量与石英含量的关系

上述分析共同解释了为什么 TOC 含量越高,页岩中天然裂缝的发育程度越大。与五峰组—龙马溪组页岩相似,牛蹄塘组页岩当 TOC 含量小于 6% 时,天然裂缝密度与 TOC 含量呈正相关关系;当 TOC 含量大于 6% 时,天然裂缝密度与 TOC 含量呈负相关关系(图 4-5b)。Wang 等(2016)对中国南方岑巩地区 CY-1 井和 TX-1 井牛蹄塘组页岩天然裂缝的研究发现:当 TOC 含量小于 6.5% 时,天然裂缝密度与 TOC 含量之间具有正相关关系;当 TOC 含量大于 6.5% 时,天然裂缝密度与 TOC 含量显示负相关关系。他们进一步研究发现:当 TOC 含量超过 6.5% 时,孔隙度和杨氏模量都与 TOC 含量具有消极的关系,类似于美国的 Marcellus 页岩和中国东部的二叠纪页岩(Milliken et al.,2013;Pan et al.,2015)。换句话说,当 TOC 含量超过一定值时,页岩更易被压实以及脆性度的减小,都不利于裂缝的发育。

## 二、页岩矿物成分

矿物成分和岩性对页岩天然裂缝发育的影响主要是通过它们对页岩力学性质的影响来

实现的。普遍的研究认为,具有高脆性矿物(如石英、长石和碳酸盐矿物)含量的页岩,对应于高的杨氏模量和低的泊松比,从而会导致较大的脆性度。因此,在外力作用下,更容易形成天然构造缝和人工诱导缝(Ding et al., 2012;Jiu et al., 2013;Gale et al., 2014;Wang et al., 2016;Zeng et al., 2016;Wang et al., 2017, 2018;Ghosh et al., 2018;Zhang et al., 2019a;Zhao et al., 2020)。

本书中单一矿物含量与页岩天然裂缝发育程度之间的关系显示:对于五峰组—龙马溪组页岩,石英含量与天然裂缝密度呈正相关关系(图 4-12a),而黏土总量与其呈负相关关系(图 4-12b);对于牛蹄塘组页岩,当石英含量小于 60% 时,天然裂缝密度与石英含量呈正相关关系,当石英含量大于 60% 时,天然裂缝密度与石英含量呈负相关关系(图 4-12c),黏土总量与天然裂缝密度呈负相关关系(图 4-12d)。由前文可知,上扬子地区下古生界海相页岩中 TOC 含量与石英含量关系密切(图 4-11)。石英含量与 TOC 含量之间积极的关系,表明上扬子地区下古生界海相页岩中石英对天然裂缝发育的影响本质上与有机碳一致,两者相互促进,共同影响天然裂缝的发育。

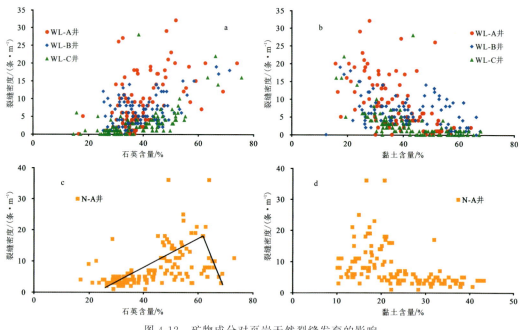

图 4-12　矿物成分对页岩天然裂缝发育的影响

## 三、页岩岩相

有机碳和矿物成分对页岩天然裂缝密度的综合影响可以概括为岩相对页岩天然裂缝发育的控制。根据五峰组—龙马溪组 WL-A 井、WL-B 井和 WL-C 井不同岩相页岩天然裂缝密度的统计结果(图 4-13),在贫有机碳含硅黏土质页岩相中,天然裂缝不发育,平均裂缝密度分别为 1 条/m、5 条/m 和 1 条/m;在含有机碳黏土/硅混合质页岩相中,天然裂缝相对发育,平均裂缝密度分别为 8 条/m、6 条/m 和 2 条/m;在富有机碳含黏土硅质页岩相中,天然裂缝密度最大,平均密度分别为 11 条/m、7 条/m 和 4 条/m。根据牛蹄塘组 N-A 井不同岩相页岩天然裂缝密度的统计结果(图 4-14),在贫有机碳黏土/硅混合质页岩相中,天然裂缝不发育,平均裂缝密度为 4 条/m;在低有机碳含黏土硅质页岩相中,天然裂缝较发育,平均裂缝密度为 5 条/m;在高有机碳混合硅质页岩相中,天然裂缝发育,裂缝密度最大,平均为 13 条/m;在富有机碳硅质页岩相中,天然裂缝发育程度降低,平均裂缝密度为 9 条/m。总体来看:页岩天然裂缝密度随着有机碳含量和石英含量的增加而增大,但当有机碳含量和石英含量超过一定值时(有机碳含量为 6%,石英含量为 60%),天然裂缝发育程度反而降低。

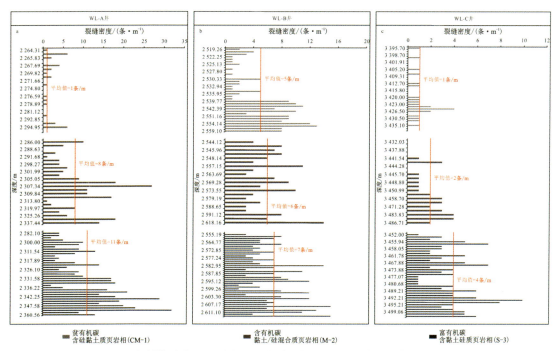

图 4-13 相同构造位置不同岩相页岩裂缝密度对比(五峰组—龙马溪组页岩)

## 四、页岩层厚

Bogdonov(1947)首次提出天然裂缝密度随着岩层厚度减小而增大(即裂缝间隔随着岩层厚度的减小而减小)的观点,随后这一观点被许多学者所证实(Ladeira and Price,1981;Huang and Angelier,1989;Narr,1991;Narr and Suppe,1991;Gross,1993;Mandal et al.,1994;Wu and Pollard,1995;Becker and Gross,1996;Ji and Saruwatari,1998;岳锋等,2015;方辉煌,2016;Wang et al.,2017;Ghosh et al.,2018)。本书中页岩层厚对天然裂缝发育程度也有明显的影响,在所有观测的页岩层中,天然构造缝密度均随层厚的增加而减小(图 4-15)。

为了阐明页岩层厚控制裂缝发育的根本原因,本书对黄莺剖面和漆辽剖面裂缝观测层段系统取样(图 4-16),并进行了 TOC 含量和 XRD 分析测试。研究结果显示:页岩层厚与TOC 含量呈负相关关系(图 4-17a)。实际上,厚层页岩 TOC 含量较低,是由于其较高的沉积速率和更多陆源物质的输入。针对中国南方四川盆地五峰组—龙马溪组页岩,王玉满等(2017)和 Wu 等(2019)研究表明:富有机质硅质页岩沉积速率较低,层厚较薄;而贫有机质黏

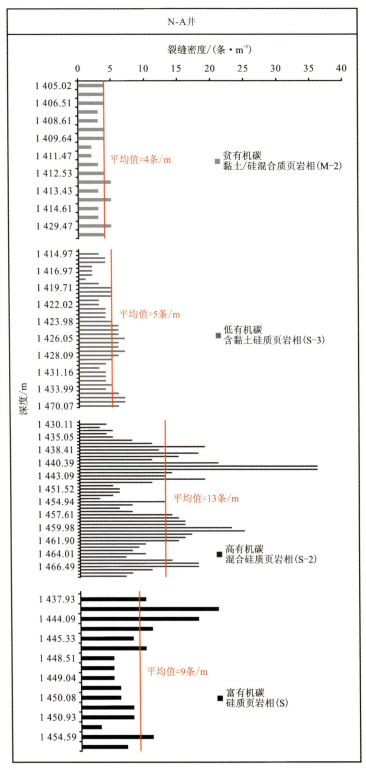

图 4-14 相同构造位置不同岩相页岩裂缝密度对比(牛蹄塘组页岩)

# 第四章 页岩天然裂缝发育主控因素

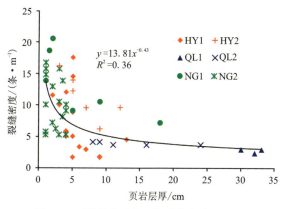

图 4-15 层厚对页岩天然裂缝发育的影响

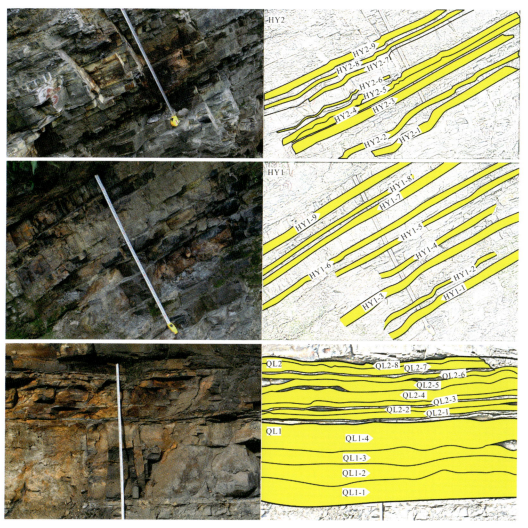

图 4-16 野外剖面取样层及取样点统计

土质页岩沉积速率较高,层厚较大(图4-18)。一些学者研究认为:高沉积速率对有机质的富集有消极的作用,是由于碎屑稀释的影响(Stein,1986;Canfield,1989;Schulte et al.,2000;Harris et al.,2005)。在本书中,TOC含量随着黏土总量的增加而降低(图4-17b),因此,陆源物质的高输入大大稀释了有机质,导致与薄层页岩相比,厚层页岩的TOC含量较低。此外,石英含量与TOC含量之间的关系表明:高TOC含量页岩层也具有高的石英含量(图4-17c),这进一步表明石英含量与页岩层厚也具有消极的关系(图4-17d)。因此,薄层页岩中石英含量较高,具有较大的脆性度,在外力作用下更容易产生天然裂缝(图4-15)。故而,层厚对页岩天然裂缝发育的影响,本质上可归因为不同层厚页岩矿物成分的变化对其的影响。

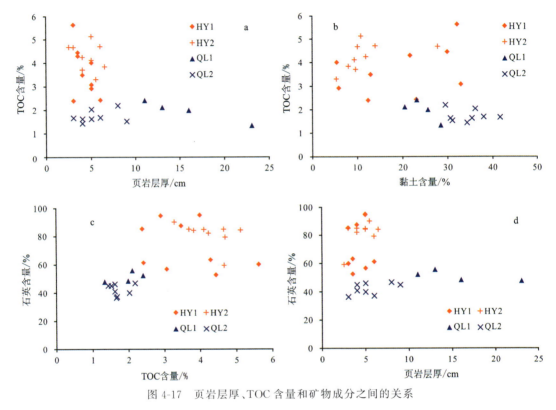

图4-17 页岩层厚、TOC含量和矿物成分之间的关系

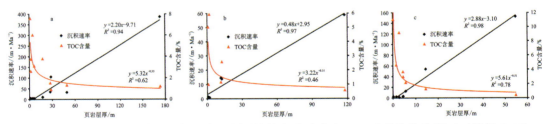

图4-18 上扬子地区五峰组—龙马溪组页岩层厚与沉积速率和TOC含量的关系(据王玉满等,2017)

a.长宁双河剖面;b.綦江观音桥剖面;c.华蓥溪口剖面

# 第五章　页岩裂缝渗透率特征

## 第一节　页岩裂缝覆压渗透率实验

### 一、样品地质特征

用于页岩覆压渗透率测试的样品来自上扬子云南昭通地区 SY1 井五峰组—龙马溪组页岩,样品深度、TOC 含量和矿物成分如表 5-1 所示。页岩样品 TOC 含量介于 0.94%～5.55%之间,平均 2.88%。页岩样品矿物成分以碳酸盐矿物和石英为主,碳酸盐矿物含量介于 20.96%～71.99%之间,平均 37.78%;石英含量介于 6.98%～55.34%之间,平均 32.41%。其次是长石和黏土,长石含量介于 4.44%～20.94%之间,平均 11.97%;黏土总量介于 7.50%～19.90%之间,平均 15.71%。此外还含有少量的黄铁矿,含量介于 0.79%～3.76%之间,平均 2.13%。具体从页岩矿物成分三角图来看(图 5-1),所选页岩样品主要位于灰/硅混合质页岩相,其次位于含灰硅质页岩相和混合硅质页岩相,另外还有一块样品位于混合灰质页岩相。

表 5-1　页岩样品基础地质参数表

| 样号 | 深度/m | TOC/% | 矿物含量/% | | | | |
|---|---|---|---|---|---|---|---|
| | | | 石英 | 长石 | 碳酸盐矿物 | 黏土总量 | 黄铁矿 |
| 样 1 | 3 517.34 | 2.16 | 25.02 | 18.17 | 34.92 | 19.90 | 1.99 |
| 样 2 | 3 530.80 | 1.64 | 53.17 | 5.73 | 30.57 | 7.50 | 3.01 |
| 样 3 | 3 531.60 | 1.53 | 19.59 | 20.94 | 39.36 | 18.95 | 1.16 |
| 样 4 | 3 538.08 | 1.67 | 23.05 | 10.00 | 48.06 | 16.99 | 1.90 |
| 样 5 | 3 561.06 | 0.94 | 6.98 | 11.21 | 71.99 | 9.01 | 0.79 |
| 样 6 | 3 595.28 | 4.46 | 49.80 | 4.44 | 23.82 | 18.19 | 3.76 |
| 样 7 | 3 595.44 | 5.55 | 55.34 | 6.02 | 20.96 | 15.33 | 2.34 |
| 样 8 | 3 600.05 | 4.18 | 23.75 | 15.49 | 43.05 | 16.59 | 1.13 |
| 样 9 | 3 607.80 | 3.83 | 34.98 | 15.76 | 27.28 | 18.92 | 3.06 |

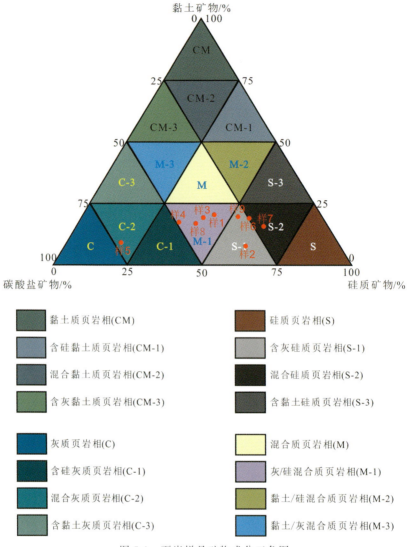

图 5-1 页岩样品矿物成分三角图

## 二、样品制备

（一）基质样品

将上述所有页岩样品分别沿平行层理方向（P：parallel）和垂直层理方向（V：vertical）取芯，得到 9 组 18 块直径为 2.5cm、长度为 5cm 的标准岩芯柱（图 5-2），然后将这些岩芯柱在模拟储层压力条件下分别进行覆压渗透率实验，分析地层条件下沉积层理对页岩基质渗透率的影响。另外，位于混合硅质页岩相的样 6 和样 7，具有高的 TOC 含量和明显肉眼可见的沉积层理，故而，将在这两块样品上沿着平行层理方向和垂直层理方向钻取的 2 组 4 块岩芯柱（编号 1P、1V、2P 和 2V）在不同压力点下分别进行覆压渗透率实验，进一步验证沉积层理对页岩基质渗透率的影响，并分析有效压力与页岩基质渗透率之间的关系。

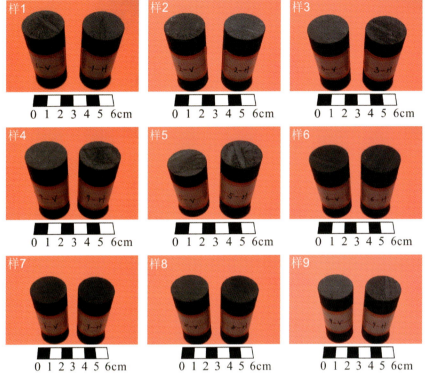

注:每幅照片中左侧样品为垂直层理方向所钻岩芯柱;右侧样品为平行层理方向所钻岩芯柱。

图 5-2 页岩基质渗透率测试样品照片

(二)裂缝样品

为了模拟天然裂缝,对从样 6 和样 7 钻取的标准岩芯柱 1P、1V、2P 和 2V 进行巴西实验,沿着中心长轴劈裂形成人工拉张裂缝(图 5-3)。这些具有对齐裂缝面(aligned fracture faces)可以完全闭合的样品称为原位闭合裂缝样品,分别编号为 1P-AF、1V-AF、2P-AF 和 2V-AF。所有的裂缝样品在进行覆压渗透率实验时,都用聚四氟乙烯胶带重新固定在一起。

图 5-3 人工劈裂裂缝样品照片

为了研究裂缝开度对页岩裂缝渗透率的影响,对从样1、样3、样4和样9垂直层理方向取芯得到的页岩标准岩芯柱,用数控电火花线切割机将岩芯柱沿着中心长轴方向切成两半,然后用抛光机打磨裂缝面,形成光滑的表面,尽力消除裂缝面粗糙度变化对裂缝渗透率的影响(图5-4)。这些样品分别编号为3-AF、4-AF、5-AF和6-AF。

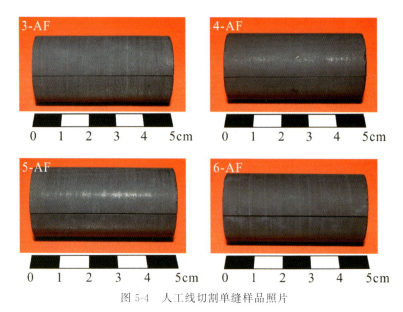

图5-4 人工线切割单缝样品照片

真实状态下的页岩地层,同类型天然裂缝不止单条,往往多条平行发育,故而需要考虑裂缝密度(或者裂缝条数)对页岩裂缝渗透率的影响。本书在剩余的3块样品样2、样5和样8上,分别沿垂直层理方向各钻取4块标准的岩芯柱,分为A、B、C 3组样品。基于页岩储层中主要发育的层理缝、滑脱缝、剪切缝和张裂缝等天然裂缝缝面形态特征,将页岩天然裂缝划分为光滑裂缝、较光滑裂缝和粗糙裂缝,并分别模拟光滑、较光滑和粗糙裂缝缝面形态,用数控电火花线切割机将岩芯柱沿着中心长轴方向按指定的形态切割成1条、2条、3条和4条裂缝(图5-5)。其中,A组样品A-1、A-2、A-3和A-4模拟1条、2条、3条和4条光滑裂缝,B组样品B-1、B-2、B-3和B-4模拟1条、2条、3条和4条较光滑裂缝,C组样品C-1、C-2、C-3和C-4模拟1条、2条、3条和4条粗糙裂缝。然后在最小有效压力3MPa条件下进行覆压渗透率实验,分析裂缝条数对页岩裂缝渗透率的影响。在最小压力点下进行覆压渗透率测试,是为了使压力的影响最小化。

(三)模拟裂缝滑移

当裂缝两表面发生相对滑动时,不同位置的微凸体相互支撑,导致裂缝开度发生变化,这种类型的裂缝被称为滑移裂缝(offset fracture)。受平行裂缝面剪切应力作用所形成的剪切缝和滑脱缝通常会发生裂缝滑移,并在裂缝面形成指示剪切滑移的擦痕和阶步等特征(参见图3-7、图3-8、图3-11、图3-12)。我们通过在人工劈裂裂缝样品(1P-AF、1V-AF、2P-AF和

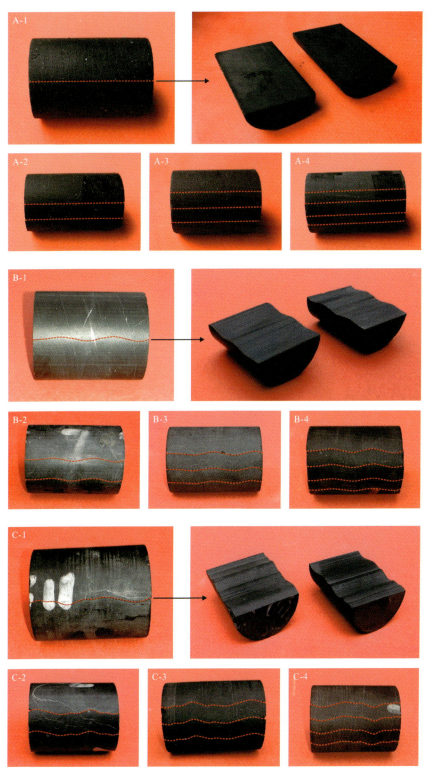

图 5-5 人工线切割多缝样品照片

2V-AF)相反裂缝面的两相对端面上贴置铜箔垫片来定量模拟裂缝滑移(图5-6)。将0.1mm厚的铜箔垫片贴置在垂直于裂缝面的两端,从1片到5片逐渐增加铜箔垫片数量,同时分别进行不同有效压力条件下的覆压渗透率实验。总的裂缝滑移距为所用铜箔垫片厚度之和,即当两端使用两层铜箔垫片时,总的裂缝滑移距是0.2mm,故而本书模拟了滑移距从0.1mm到0.5mm的裂缝滑移。编号1P-OF-1、1P-OF-2、1P-OF-3、1P-OF-4和1P-OF-5代表人工劈裂裂缝样品1P-AF两端分别贴置1片、2片、3片、4片和5片铜箔垫片,模拟的裂缝滑移距分别为0.1mm、0.2mm、0.3mm、0.4mm和0.5mm;同理,编号1V-OF-1、1V-OF-2、1V-OF-3、1V-OF-4和1V-OF-5代表人工劈裂裂缝样品1V-AF两端分别贴置1片、2片、3片、4片和5片铜箔垫片,编号2P-OF-1、2P-OF-2、2P-OF-3、2P-OF-4和2P-OF-5代表人工劈裂裂缝样品2P-AF两端分别贴置1片、2片、3片、4片和5片铜箔垫片,编号2V-OF-1、2V-OF-2、2V-OF-3、2V-OF-4和2V-OF-5代表人工劈裂裂缝样品2V-AF两端分别贴置1片、2片、3片、4片和5片铜箔垫片,模拟的裂缝滑移距均分别为0.1mm、0.2mm、0.3mm、0.4mm和0.5mm。

图5-6 模拟裂缝滑移样品照片

(四)模拟裂缝开度

为了定量模拟不同的裂缝开度,基于人工线切割光滑裂缝样品(3-AF、4-AF、5-AF和6-AF),将宽5mm、厚0.05mm的铜箔垫片垫置在每块样品其中一裂缝面的纵向两侧边缘上(图5-7)。随着两侧铜箔垫片从1片到3片逐渐增加(当垫置第4组铜箔垫片时,所测渗透率超过仪器最大检测限),在最小有效压力 3MPa 条件下同时分别进行覆压渗透率测试。渗透率测试仅在最小压力点下进行,是为了最小化压力对铜箔垫片厚度的影响,尽力维持实验过程中铜箔垫片原始厚度不变。总的裂缝开度为所垫铜箔垫片的总厚度,即当两侧垫置两层铜箔垫片时,总的裂缝开度为 0.10mm。故而本书模拟了 0.05mm 到 0.15mm 的裂缝开度变化。编号 3-AF-1、3-AF-2 和 3-AF-3 代表人工线切割光滑裂缝样品 3-AF 裂缝面两侧边缘分别垫置 1 片、2 片和 3 片铜箔垫片,模拟的裂缝开度分别为 0.05mm、0.10mm 和 0.15mm;同理,编号 4-AF-1、4-AF-2 和 4-AF-3 代表人工线切割光滑裂缝样品 4-AF 裂缝面两侧边缘分别垫置 1 片、2 片和 3 片铜箔垫片,编号 5-AF-1、5-AF-2 和 5-AF-3 代表人工线切割光滑裂缝样品 5-AF 裂缝面两侧边缘分别垫置 1 片、2 片和 3 片铜箔垫片,编号 6-AF-1、6-AF-2 和 6-AF-3 代表人工线切割光滑裂缝样品 6-AF 裂缝面两侧边缘分别垫置 1 片、2 片和 3 片铜箔垫片,模拟的裂缝开度均分别为 0.05mm、0.10mm 和 0.15mm。

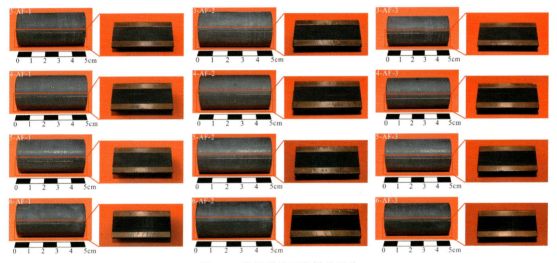

图 5-7 模拟裂缝开度样品照片

## 三、实验仪器

### (一)页岩基质渗透率测试

在室温条件下,通过 PoroPDP-200 脉冲衰减渗透率仪(Core Lab 公司,美国)(图 5-8),测量恒定孔压(孔隙压力)、不同围压条件下的页岩基质渗透率。该渗透率仪是依据 Jones (1997)所述的原理制造的,如图 5-8b 所示。它利用脉冲衰减技术,测量 $10\times10^{-9}\mu m^2$ 到 $10\times10^{-3}\mu m^2$ 之间的渗透率,测试流体为氮气。实验过程中,地层压力条件下的覆压渗透率测试,是在 55MPa 围压、7MPa 孔压条件下进行的;不同压力点下的覆压渗透率测试,是在孔压恒定为 7MPa,围压以 5MPa 的增量逐渐从 10MPa 增加到 25MPa,再以 10MPa 的增量最终增加到 55MPa 的条件下进行的。其中,孔压恒定为 7MPa,较高的平均孔压是为了减小气体滑脱效应的影响(Dicker and Smits,1988;Jones,1997)。围压是由围绕着岩芯周围的液压油产生的。有效压力定义为围压与孔压的差值,通过 Terzaghi 有效压力方程来确定(Terzaghi,1923):

$$P_e = P_c - nP_p \tag{5-1}$$

式中:$P_e$ 为有效压力;$P_c$ 为围压;$P_p$ 为孔压;$n$ 为有效压力系数。Kwon 等(2001)研究发现富含伊利石的页岩 $n$ 值近似等于1。本书为了简化计算,假定 $n$ 值等于1。因此,本书中有效压力范围为 3~48MPa。

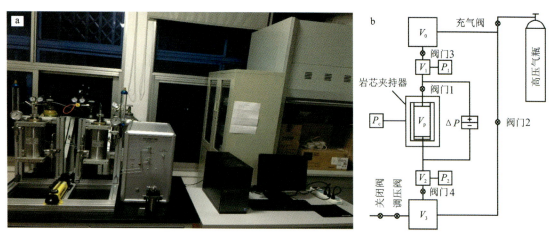

图 5-8 PoroPDP-200 覆压孔渗仪
a.实物图;b.原理图

在渗透率测量过程中,将岩芯柱放置在与上游气体容器($V_1$)和下游气体容器($V_2$)相连的岩芯夹持器内,并加载所需的围压。控制模板给岩芯施加设定的孔隙压力,然后通过岩芯传递一个压差脉冲。在气体从上游容器 $V_1$ 流入样品的过程中,上游容器 $V_1$ 中的气体压力下降,而下游容器 $V_2$ 中的气体压力在短时间内保持不变,直到压力脉冲通过样品传递到下游端,然后下游容器 $V_2$ 中的气体压力上升。随着上游压力 $P_1[t]$ 的下降和下游压力 $P_2[t]$ 的上升,压差 $\Delta P[t]$ 持续减小,在一定时间后逐渐接近于零,并且压差衰减的速率与样品渗透率成正比。计算机数据采集系统记录岩芯两端的压力差、下游压力和时间,并在电脑软件屏幕上绘制出压差与时间的对数曲线。根据修正的达西定律(Brace et al.,1968)计算渗透率:

$$K_g = \left(\frac{2\eta L}{A}\right)\left(\frac{V_{up}}{P_{up}^2 - P_{down}^2}\right)\left(\frac{\Delta P_{up}}{\Delta t}\right) \tag{5-2}$$

式中:$K_g$ 为气体渗透率;$\eta$ 为测试气体的黏度;$L$ 为岩样的长度;$A$ 为岩样的横截面积;$V_{up}$ 为上游容器和管线中的气体体积;$P_{up}$ 为上游容器和管线中的气体压力;$P_{down}$ 为下游容器和管线中的气体压力;$t$ 为所消耗的时间。

(二)页岩裂缝渗透率测试

以氮气作为测试流体,在室温条件下,使用 SCMS-E 高温高压岩芯多参数自动测量系统

(图 5-9)对页岩裂缝样品进行不同压力点的覆压渗透率实验。该仪器采用稳态法,测量 $1\times 10^{-9}\mu m^2$ 到 $10\,000\times 10^{-3}\mu m^2$ 范围内的渗透率。压力变化与基质渗透率实验压力变化相一致,通过变压器油来增加围压。按照中华人民共和国国家标准《岩心分析方法》(GB/T 29172—2012)进行实验准备、分析和数据处理。首先,通过智能控制系统将围压增加到设定的实验值;然后,通过调整 $P_1$(进口端绝对压力)和 $P_2$(出口端绝对压力),将平均孔隙压力施加到设定值,岩芯柱上游进口端气体绝对压力由调压阀控制,岩芯柱下游出口端气体绝对压力由回压调节器所维持;最后,当达到稳定状态(孔隙流体流量恒定),使用 GMF-1 型气体质量流量计(测量范围 0.1~50 000mL/min)测量氮气的流量。由达西定律计算渗透率:

$$K_g = \frac{2P_0 Q_0 \mu_g L}{A(P_1^2 - P_2^2)} \quad (5-3)$$

式中:$K_g$ 为气体渗透率;$P_0$ 为大气压,0.1MPa;$Q_0$ 为大气压 $P_0$ 下的流量;$\mu_g$ 为实验气体的黏度;$L$ 为岩样的长度;$A$ 为岩样的横截面积;$P_1$ 为入口气体绝对压力;$P_2$ 为出口气体绝对压力。

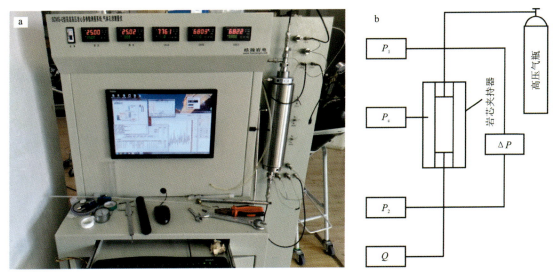

图 5-9 SCMS-E 高温高压岩芯多参数测量仪
a.实物图;b.原理图

(三)裂缝面扫描

天然裂缝表面不是完全光滑的,而呈现由许多丘、谷组成的形貌。这些丘被称为"微凸体",它们支撑施加在裂缝上的应力,并在应力作用下优先变形(Brown,1987)。理论上,当对裂缝施加应力时,微凸体发生形变,从而导致裂缝开度的改变,进而引起裂缝渗透率的变化(Kassis and Sondergeld,2010;Guo et al.,2013)。

不同裂缝面的形貌或粗糙度变化很大,为了评价裂缝面粗糙度对裂缝渗透率的影响,在裂缝渗透率测试之前,使用 ST500 三维非接触式表面轮廓仪(NANOVEA 公司,美国)

(图5-10)对裂缝表面进行扫描。ST500表面轮廓仪采用目前国际最前端的白光共聚焦色差技术,无需拼接即可提供高速、大面积的测量。$x-y$ 轴方向最大扫描范围 400mm×400mm、最小扫描步长 $0.1\mu m$,$z$ 轴方向最大测量范围 24mm、最大测量分辨率 2nm,最大扫描速度 200mm/s。本书使用 $100\mu m$ 的采样间隔对人工劈裂裂缝样品(1P-AF、1V-AF、2P-AF 和 2V-AF)表面进行数字化,采集了由 $x-y$ 坐标和相应高度 $z$ 坐标组成的裂缝面形貌数据集,最后将采集的数据输入成像软件 Surfer 重建了裂缝面初始形貌(图5-11)。

图5-10 ST500三维非接触式表面轮廓仪

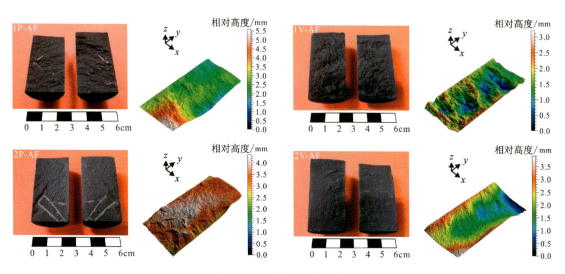

图5-11 裂缝面初始形貌

## 第二节 页岩裂缝渗透率影响因素及表征

### 一、沉积层理的影响

与其他岩石相比,页岩具有高度发育的沉积层理,这一特征导致了气体在页岩中流动的各向异性,即平行于页岩层理面的渗透率大于垂直于页岩层理面的渗透率,这已被国内外许多研究所证实(Kwon et al.,2004;Pathi,2008;Chen et al.,2009;胡东风等,2014;张士万等,2014;魏志红,2015;任影,2017)。

本书为了评价沉积层理的影响,在平行层理方向和垂直层理方向分别测得了地层条件下页岩基质渗透率(图 5-12)。总体来看,平行层理方向的渗透率介于 $208.1\times10^{-9}\sim360.7\times10^{-9}\mu m^2$ 之间,平均为 $257.1\times10^{-9}\mu m^2$;垂直层理方向的渗透率介于 $178.5\times10^{-9}\sim271.7\times10^{-9}\mu m^2$ 之间,平均为 $236.4\times10^{-9}\mu m^2$。平行层理方向的渗透率稍大于垂直层理方向的渗透率。具体来看,除了肉眼可见具有明显沉积层理,位于混合硅质页岩相的样 6 和样 7 具有平行层理方向渗透率大于垂直层理方向渗透率的特征,其余每组样品并没有表现出统一的平行层理方向渗透率大于垂直层理方向渗透率的特征,有的样品甚至还具有明显的垂直层理方向渗透率大于平行层理方向渗透率的特征(样 9)。此外,位于混合灰质页岩相的样 5 具有低的渗透率值,包括平行层理方向渗透率和垂直层理方向渗透率。图 5-13 进一步展示了样 6 和样 7 平行层理方向和垂直层理方向(1P 和 1V,2P 和 2V)不同压力点下的覆压基质渗透率值,结果表明:平行层理方向的渗透率略微大于垂直层理方向的渗透率,但是两者位于相同的数量级。另外,随着有效压力的增加,渗透率快速减小,当有效压力超过 15MPa 时,渗透率减小趋势缓慢并趋于稳定。

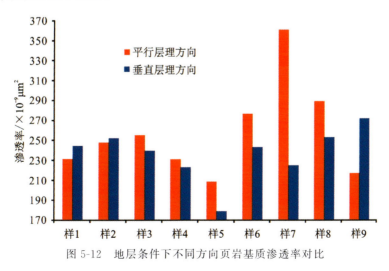

图 5-12 地层条件下不同方向页岩基质渗透率对比

图 5-13 还表明:与基质样品相比,裂缝样品渗透率得到很大改善,即使在最大有效压力 48MPa 条件下,裂缝样品 1P-AF、1V-AF、2P-AF 和 2V-AF 的渗透率分别为 $0.0015\times10^{-3}\mu m^2$、

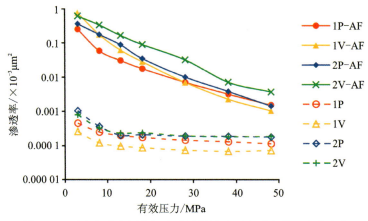

图 5-13 页岩基质和原位闭合裂缝样品渗透率随有效压力的变化

$0.001\ 0\times10^{-3}\ \mu m^2$、$0.001\ 4\times10^{-3}\ \mu m^2$ 和 $0.003\ 5\times10^{-3}\ \mu m^2$,是相对应基质样品渗透率的 13、14、8 和 20 倍。实验结果揭示出:宏观裂缝是影响页岩渗透率的主要因素,而沉积层理或者说是微裂缝对本书中的富有机质页岩渗透率贡献不大。因此,宏观裂缝支配着气体的流动,对页岩气运移和富集具有重要的意义。

## 二、有效压力的影响

David 等(1994)提出了描述有效压力和岩石渗透率之间关系的指数方程:

$$K = K_0 \exp[-\gamma(P_e - P_0)] \tag{5-4}$$

式中:$K$ 为有效压力 $P_e$ 下的岩石渗透率;$K_0$ 为大气压力 $P_0$ 下的岩石渗透率,$P_0$ 取 0.1MPa;$\gamma$ 为压力敏感系数,$\gamma$ 值越高,岩石渗透率 $K$ 随着有效压力 $P_e$ 的增加下降得越快。Dong 等(2010)研究得到:细粒砂岩 $\gamma$ 值较低($2.84\times10^{-3} \sim 7.68\times10^{-3}$ MPa$^{-1}$),粉砂质页岩 $\gamma$ 值较高($16.78\times10^{-3} \sim 43.47\times10^{-3}$ MPa$^{-1}$)。

相反,Shi and Wang(1986)指出,有效压力和岩石渗透率之间应遵循幂函数关系:

$$K = K_0 (P_e/P_0)^{-p} \tag{5-5}$$

式中:$p$ 为岩石常数,$p$ 值越高,岩石渗透率压力敏感性越强。Dong 等(2010)研究得出:粉砂质页岩 $p$ 值(0.588~1.744)相对于细粒砂岩 $p$ 值(0.120~0.303)更高。

根据渗透率测试结果,通过曲线拟合的方法我们可以很容易地确定方程(5-4)和方程(5-5)中的参数(图 5-14),所拟合的参数($K_0$、$\gamma$ 和 $K_0$、$p$)如表 5-2 所示。指数关系中,页岩基质样品平行层理方向的 $\gamma$ 值介于 0.026~0.028MPa$^{-1}$ 之间,垂直层理方向的 $\gamma$ 值介于 0.022~0.024MPa$^{-1}$ 之间,平行层理方向的页岩基质渗透率比垂直层理方向的页岩基质渗透率表现出更大的应力敏感性。随着有效压力的增加,层理微裂缝闭合程度增大,从而导致渗透率的显著降低。与页岩基质样品测量结果相比,裂缝样品的 $\gamma$ 值(0.104~0.141MPa$^{-1}$)明显更高,这表明了裂缝样品具有更高的应力敏感性。幂函数关系中,页岩基质样品平行层理方向的 $p$ 值介于 0.484~0.608 之间,垂直层理方向具有较低的 $p$ 值(0.464~0.512),这也表明与平行层理方向的样品相比,垂直层理方向的样品具有更低的应力敏感性。对于页岩裂缝样品,$p$ 值(1.795～2.406)远高于页岩基质样品,这也同样表明了相比于基质样品,裂缝样品对应力更加敏感。

此外,本实验结果还表明:幂函数方程相比于指数方程对渗透率-有效压力数据点有更好的拟合效果(图5-14,表5-2)。因此,将所有原位闭合页岩裂缝样品渗透率-有效压力数据点进行统一拟合(图5-15),可以得到页岩裂缝渗透率与有效压力之间的关系,如式(5-6)所示:

$$K = 772.51 \times (P_e/0.1)^{-2.02} \tag{5-6}$$

式中:$K$ 为页岩裂缝渗透率($\times 10^{-3} \mu m^2$);$P_e$ 为有效压力(MPa)。

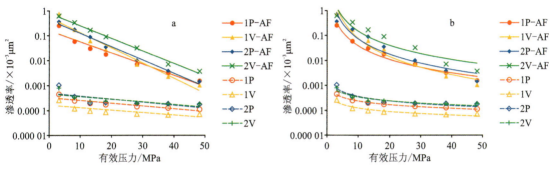

图 5-14　页岩基质和原位闭合裂缝样品渗透率与有效压力的拟合

a. 指数方程拟合实验数据曲线;b. 幂函数方程拟合实验数据曲线

表 5-2　基于页岩渗透率测试拟合方程的参数确定

| 样品编号 | 指数方程 $K = K_0 \exp[-\gamma(P_e - P_0)]$ | | | 幂函数方程 $K = K_0(P_e/P_0)^{-p}$ | | |
| --- | --- | --- | --- | --- | --- | --- |
| | $K_0/\times 10^{-3} \mu m^2$ | $\gamma/\text{MPa}^{-1}$ | $R^2$ | $K_0/\times 10^{-3} \mu m^2$ | $p$ | $R^2$ |
| 1P | 0.000 3 | 0.026 | 0.80 | 0.002 1 | 0.484 | 0.99 |
| 1V | 0.000 2 | 0.022 | 0.62 | 0.001 0 | 0.464 | 0.92 |
| 2P | 0.000 5 | 0.028 | 0.50 | 0.005 7 | 0.608 | 0.83 |
| 2V | 0.000 4 | 0.024 | 0.58 | 0.003 4 | 0.512 | 0.89 |
| 1P-AF | 0.152 9 | 0.104 | 0.95 | 140.11 | 1.795 | 0.98 |
| 1V-AF | 0.507 1 | 0.141 | 0.96 | 4 552.80 | 2.406 | 0.97 |
| 2P-AF | 0.402 7 | 0.124 | 0.99 | 738.22 | 2.018 | 0.91 |
| 2V-AF | 0.747 6 | 0.117 | 0.99 | 756.29 | 1.869 | 0.88 |

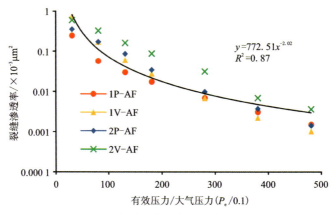

图 5-15　页岩裂缝渗透率与有效压力的关系

### 三、裂缝面粗糙度的影响

许多研究都指出,裂缝渗透率受裂缝面粗糙度的影响(Kranz et al.,1979;Bernabe,1986;Brown,1987)。一些学者建立了预测裂缝渗透率的理论模型,所有的这些模型中都包含裂缝面粗糙度这一参数(Gangi,1978;Walsh,1981;Renshaw,1995)。分形维数作为表征自然现象复杂程度的指标(Mandelbrot,1982),可以被用来描述裂缝面粗糙程度。复杂不规则裂缝面的分形维数值在2~3之间(Xie et al.,1998,1999;Xie and Wang,1999),可以通过立方体覆盖法被确定(周宏伟等,2000;Zhou and Xie,2003)。本书采用改进的立方体覆盖法(张亚衡等,2005)来计算裂缝面分形维数。

改进的立方体覆盖法操作过程如下:在平面 $xOy$ 上存在一正方形网格,网格中每格的尺寸是 $\delta$,正方形的4个角点 $a$、$b$、$c$、$d$ 分别对应4个高度 $h(i,j)$,$h(i,j+1)$,$h(i+1,j)$ 和 $h(i+1,j+1)$,其中 $1 \leq i,j \leq n-1$,$n$ 为每个边的量测点数,用边长为 $\delta$ 的立方体对粗糙表面进行覆盖(图5-16)。计算覆盖区域 $\delta \times \delta$ 内的立方体个数,即在第 $(i,j)$ 个网格内,覆盖粗糙面的立方体个数 $N_{i,j}$ 为:

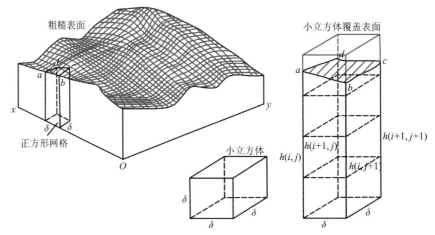

图 5-16　立方体覆盖法计算裂缝面分形维数(据许光祥和钟亮,2012)

$$N_{i,j} = \text{INT}\{\delta^{-1}[\max(h(i,j),h(i,j+1),h(i+1,j),h(i+1,j+1))+1]\} - $$
$$\text{INT}\{\delta^{-1}[\min(h(i,j),h(i,j+1),h(i+1,j),h(i+1,j+1))]\} \quad (5\text{-}7)$$

式中：INT 为取整函数。

则覆盖整个粗糙表面所需的立方体总数 $N(\delta)$ 为：

$$N(\delta) = \sum_{i,j=1}^{n-1} N_{i,j} \quad (5\text{-}8)$$

改变观测尺度再次覆盖，再计算覆盖整个粗糙表面所需的立方体总数，若粗糙表面具有分形性质，按照分形理论，立方体总数 $N(\delta)$ 与尺度 $\delta$ 之间存在如下关系：

$$N(\delta) \sim \delta^{-D} \quad (5\text{-}9)$$
$$\lg N(\delta) \sim - D\lg\delta \quad (5\text{-}10)$$

式中：$D$ 为粗糙表面自相似分形维数。

基于样品的扫描实验数据，将改进的立方体覆盖法的计算过程编写为 Matlab 程序，测量出 $N(\delta)$ 与 $\delta$ 的一组数据，并作 $\lg N(\delta)$ 与 $\lg\delta$ 关系图，再通过最小二乘法对它们进行线性回归，则拟合出的直线斜率的相反数即为所求的分形维数 $D$。

将图 5-11 中的裂缝面扫描数据输入 Matlab 中，绘制出立方体总数 $N(\delta)$ 与立方体边长 $\delta$ 之间的双对数坐标图，如图 5-17 所示。图 5-17 中直线斜率的绝对值是裂缝面分形维数，分形维数越大，表示裂缝面越粗糙（Kassis and Sondergeld，2010；Guo et al.，2013）。从图 5-17 中可以看出：与样品 1P-AF 和 2P-AF 相比，样品 1V-AF 和 2V-AF 分形维数较小，表明样品 1V-AF 和 2V-AF 裂缝面更加光滑。结合图 5-13，在 3MPa 的初始有效压力条件下，样品 1V-AF 和 2V-AF 比样品 1P-AF 和 2P-AF 具有更大的裂缝渗透率。由此可得：裂缝面越光滑，裂缝渗透率越大。Chen 等（2015）也得出了相同的结论，他们研究指出随着裂缝面粗糙度的增大，流体在裂缝中流动的曲折性会增加，从而导致渗透率的减小。然而，本书还表明：裂缝面粗糙度对裂缝渗透率影响不大，没有引起渗透率数量级的变化（图 5-13）。这可能与样品数量较少，样品之间裂缝面粗糙度差别不大有关，后续研究中应该增加样品数量，对比分析裂缝面粗糙度差别较大的样品之间的裂缝渗透率的差异。

此外，还有学者提出用均方根高度（均方根粗糙度）来表征断裂面粗糙度，均方根粗糙度值越大，表明断裂面越粗糙（Kassis and Sondergeld，2010；Huang et al.，2020）。均方根粗糙度定义为相对于基准线偏差的均方根值，并用以下公式计算：

$$R = \sqrt{\frac{\sum_{i=1}^{n}(Z_i - Z)^2}{n}} \quad (5\text{-}11)$$

式中：$R$ 为裂缝面均方根粗糙度（mm）；$Z$ 为基准线高度（mm）；$Z_i$ 为每个测点（$i=1,2,\cdots,n-1,n$）高度（mm）。

本书中初始裂缝面均方根粗糙度值如表 5-3 所示。将最小有效压力 3MPa（随着压力的增加，裂缝面变形程度增大，离初始裂缝面粗糙度偏差越大）下所测得的页岩裂缝渗透率与裂缝面均方根粗糙度值作图（图 5-18），可以看到两者之间具有明显的负相关关系。由此可知：裂缝面越粗糙，裂缝渗透率越小，与上文基于裂缝面分形维数得出的结论相一致。此外，还可以得到页岩裂缝渗透率与裂缝面粗糙度之间的关系，如式（5-12）所示：

$$K = (-0.22) \times R + 1.04 \tag{5-12}$$

式中:$K$ 为页岩裂缝渗透率($\times 10^{-3}\,\mu m^2$);$R$ 为裂缝面均方根粗糙度(mm)。

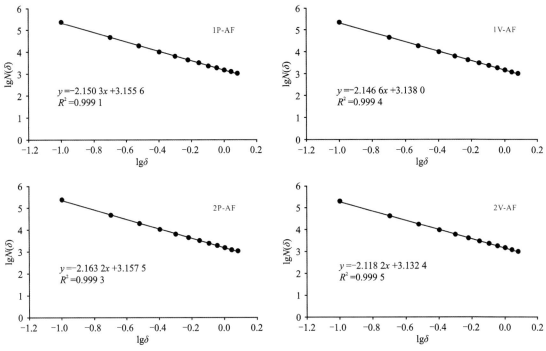

图 5-17　改进的立方体覆盖法计算裂缝面分形维数结果

表 5-3　所测页岩样品裂缝面均方根粗糙度和分形维数值

| 岩芯编号 | 均方根粗糙度 | 分形维数 |
| --- | --- | --- |
| 1P-AF | 2.922 504 | 2.150 3 |
| 1V-AF | 1.610 656 | 2.146 6 |
| 2P-AF | 3.508 425 | 2.163 2 |
| 2V-AF | 2.059 885 | 2.118 2 |

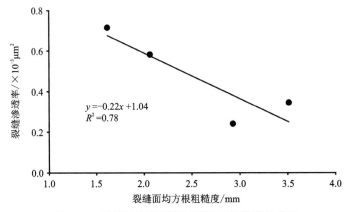

图 5-18　页岩裂缝渗透率与裂缝面粗糙度的关系

## 四、裂缝滑移的影响

裂缝两表面的滑移,引起裂缝面的凸体支撑发生错位,增加了裂缝开度,进而引起裂缝渗透率的增大(Kassis and Sondergeld,2010;Guo et al.,2013)。裂缝滑移对不同有效压力下裂缝渗透率的影响如图 5-19 所示。正如前文所述,裂缝滑移显著改善了大多数样品的裂缝渗透率。但是由于裂缝面形貌的复杂性和多样性(图 5-11),裂缝开度不会随着裂缝滑移距的增加而单调增加,因此,裂缝渗透率与裂缝滑移距之间并没有一致的正相关关系(图 5-20)。随着有效压力的增加,原位闭合裂缝和滑移裂缝的渗透率均减小,但是与滑移裂缝相比,原位闭合裂缝渗透率对有效压力更为敏感(曲线斜率更陡)(图 5-19)。在最小 3MPa 有效压力条件下,0.5mm 滑移距的裂缝渗透率比原位闭合裂缝渗透率大两个数量级;在最大 48MPa 有效压力条件下,该数量级增加到 3 个(图 5-20)。

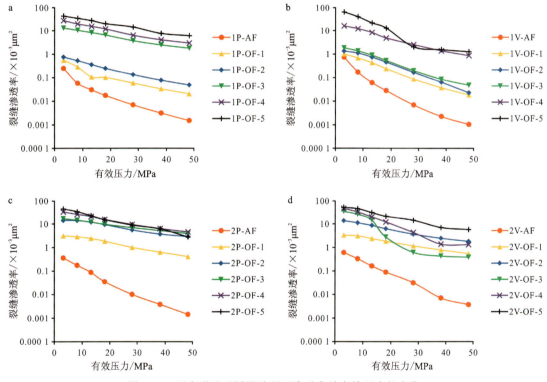

图 5-19 页岩裂缝不同滑移距下渗透率随有效压力的变化

将最小 3MPa 有效压力下的所有裂缝渗透率-裂缝滑移距数据点统一进行拟合(图 5-21),挑选相关系数最高的多项式方程作为裂缝渗透率与裂缝滑移距之间的关系方程,如式(5-13)所示:

$$K = 210.20 \times O^2 - 12.18 \times O + 0.75 \quad (5\text{-}13)$$

式中:$K$ 为页岩裂缝渗透率($\times 10^{-3} \mu m^2$);$O$ 为裂缝滑移距(mm)。

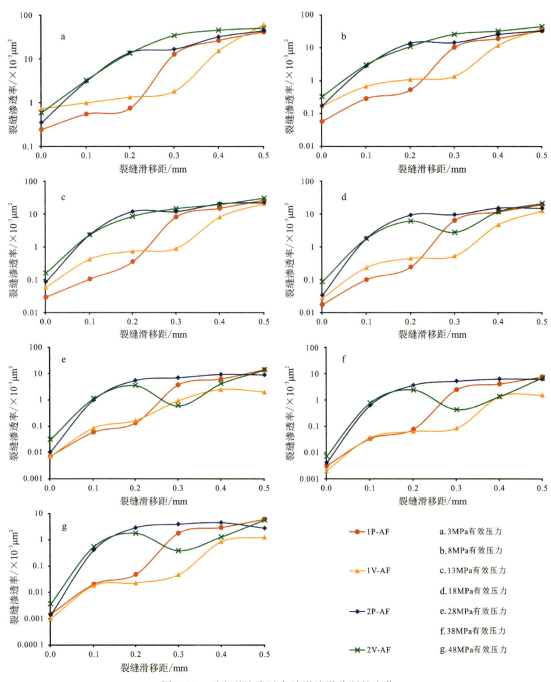

图 5-20 页岩裂缝渗透率随裂缝滑移距的变化

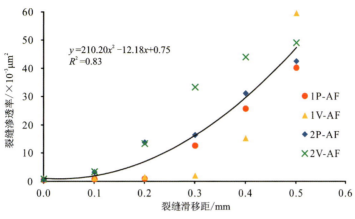

图 5-21 页岩裂缝渗透率与裂缝滑移距的关系

## 五、裂缝开度的影响

裂缝开度是控制页岩裂缝渗透率最为根本的因素,其他影响页岩裂缝渗透率的因素最终可归因于裂缝开度的变化。正如 Kassis and Sondergeld(2010)和 Guo 等(2013)研究指出:随着有效压力的增加,由于裂缝的闭合,页岩裂缝渗透率显著减小。Milsch 等(2016)研究认为:随着有效压力的增加,裂缝面微凸体发生脆性变形,裂缝接触面面积增加,裂缝闭合程度增大,裂缝渗透率减小。本书研究得出:页岩裂缝渗透率与裂缝开度的立方呈现出良好的线性正相关关系(图 5-22)。图 5-22 中裂缝开度与裂缝渗透率的关系显示:裂缝开度的任何微小变化都将导致裂缝渗透率的巨大改变,这与之前部分学者的研究相一致(Snow,1965;Chen et al.,2015)。因此,裂缝开度的应力敏感性控制着页岩裂缝渗透率。

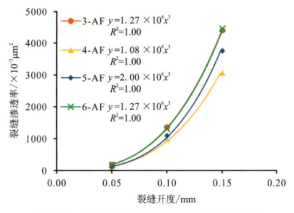

图 5-22 裂缝开度对页岩裂缝渗透率的影响

此外,将所有裂缝渗透率-裂缝开度数据点进行统一拟合(图 5-23),可以得到页岩裂缝渗透率与裂缝开度之间的关系,如式(5-14)所示:

$$K = 1.36 \times 10^6 \times A^3 \tag{5-14}$$

式中:$K$ 为页岩裂缝渗透率($\times 10^{-3} \mu m^2$);$A$ 为裂缝开度(mm)。

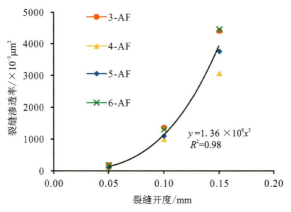

图 5-23 页岩裂缝渗透率与裂缝开度的关系

### 六、裂缝密度的影响

真实状态下的页岩地层,同类型天然裂缝不止单条,往往多条平行发育,故而需要考虑裂缝条数对页岩裂缝渗透率的影响。理论上,计算页岩储层裂缝渗透率分布时,需将页岩储层段按单位厚度 1m 依次划分为若干个独立小层,分别计算每一小层中同类型天然裂缝渗透率,最终得到页岩整个储层段不同类型裂缝渗透率的分布特征。在此计算过程中,每一单位小层中的裂缝条数即为裂缝密度。

从图 5-24 中裂缝渗透率与裂缝条数的关系可以看出:随着裂缝条数的增加,页岩裂缝渗透率增大,并且两者之间具有很好的幂函数关系:

$$K = 0.03 \times n^{1.96} \tag{5-15}$$

式中:$K$ 为页岩裂缝渗透率($\times 10^{-3} \mu m^2$);$n$ 为裂缝条数。

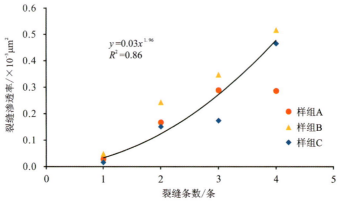

图 5-24 页岩裂缝渗透率与裂缝条数的关系

### 七、页岩裂缝渗透率综合表征

基于前文页岩裂缝覆压渗透率实验结果,可以得到以下 4 个关键的单参数(或者说是页岩裂缝特征参数)与页岩单缝渗透率之间的经验公式:

$$K_1 = 772.51 \times (P_e/0.1)^{-2.02} \quad (5\text{-}16)$$
$$K_1 = 210.20 \times O^2 - 12.18 \times O + 0.75 \quad (5\text{-}17)$$
$$K_1 = -0.22R + 1.04 \quad (5\text{-}18)$$
$$K_1 = 1.36 \times 10^6 \times A^3 \quad (5\text{-}19)$$

式中:$K_1$ 为页岩单缝渗透率($\times 10^{-3} \mu m^2$);$P_e$ 为有效压力(MPa);$O$ 为裂缝滑移距(mm);$R$ 为裂缝面均方根粗糙度(mm);$A$ 为裂缝开度(mm)。

在此,基于实测的 56 组页岩裂缝渗透率实验数据,通过 SPSS 统计分析软件,采用多元非线性回归分析,拟合页岩单缝渗透率的多参数表征方程。其中,裂缝开度主要是受压力的改变而变化,所以裂缝开度和压力之间具有内在联系,故而省略开度一项。在 SPSS 非线性回归分析中,建立有效压力、裂缝滑移距和裂缝面粗糙度与页岩单缝渗透率之间的多因素模型表达式:$K_1 = A \times [772.51 \times (P_e/0.1)^{-2.02}] \times (210.20 \times O^2 - 12.18 \times O + 0.75) \times (-0.22R + 1.04)$,其中参数 $A > 0$。损失函数选择默认选项"残差平方和",采用序列二次规划进行参数估计。从回归系数表中可以得到 $A = 2.363$,故而得到考虑有效压力、裂缝滑移距和裂缝面粗糙度的页岩单缝渗透率综合表征方程:

$$K_1 = 2.363 \times [772.51 \times (P_e/0.1)^{-2.02}] \times (210.20 \times O^2 - 12.18 \times O + 0.75) \times (-0.22R + 1.04) \quad (5\text{-}20)$$

式中:$K_1$ 为页岩单缝渗透率($\times 10^{-3} \mu m^2$);$P_e$ 为有效压力(MPa);$O$ 为裂缝滑移距(mm);$R$ 为裂缝面均方根粗糙度(mm)。

通过此方程计算得到的页岩单缝渗透率与实测页岩单缝渗透率进行对比,如图 5-25 所示,可以看到两者之间具有很好的线性正相关关系,拟合度很高,达到 0.819,且绝对值很接近,表明了上述拟合方程的合理性。

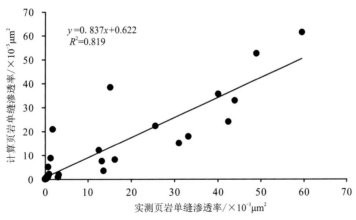

图 5-25 页岩单缝渗透率实测值与计算值对比

基于公式(5-15)裂缝条数与页岩多缝渗透率之间的关系式,当裂缝条数 $n=1$ 时,页岩单缝渗透率 $K_1 = 0.03 \times 10^{-3} \mu m^2$,此处的 0.03 为在最小有效压力条件下建立的多类型裂缝条数与裂缝渗透率之间拟合方程的拟合系数,该系数具有普适性特征,即当裂缝类型不明时,可近似利用该系数代表这一有效压力条件下的页岩单缝渗透率。但是当裂缝类型和有效压力不同时，$K_1$ 并不是定值 0.03，而是变化的，可通过方程(5-20)计算出特定条件下的 $K_1$，故而应将定值 0.03 替换为变量 $K_1$，建立以页岩单缝渗透率和裂缝条数来计算页岩多缝渗透率的表达式：

$$K_n = K_1 \times n^{1.96} \tag{5-21}$$

式中：$K_n$ 为 $n$ 条裂缝时的页岩渗透率($\times 10^{-3} \mu m^2$)；$K_1$ 为页岩单缝渗透率($\times 10^{-3} \mu m^2$)；$n$ 为裂缝条数。

将上文多元非线性回归拟合得到的页岩单缝渗透率表征方程(5-20)代入建立的页岩多缝渗透率表达式(5-21)中，最终得到考虑有效压力、裂缝滑移距、裂缝面粗糙度和裂缝条数的页岩天然裂缝渗透率综合表征方程：

$$\begin{aligned} K_n = \{&2.363 \times [772.51 \times (P_e/0.1)^{-2.02}] \times (210.20 \times O^2 - 12.18 \times O + 0.75) \times \\ &(-0.22R + 1.04)\} \times n^{1.96} \end{aligned} \tag{5-22}$$

式中：$K_n$ 为 $n$ 条裂缝时的页岩渗透率($\times 10^{-3} \mu m^2$)；$P_e$ 为有效压力(MPa)；$O$ 为裂缝滑移距(mm)；$R$ 为裂缝面均方根粗糙度(mm)；$n$ 为裂缝条数。

现有的文献多仅限于页岩基质渗透率实验，页岩裂缝渗透率还没有得到充分的研究，以至于不同类型天然裂缝在地层条件下的渗透率大小更是尚不清楚。本书在钻取页岩储层实际岩芯的基础上，通过对不同粗糙度、不同滑移距、不同条数的页岩裂缝样品进行覆压渗透率实验，找出有效压力、裂缝滑移距、裂缝面粗糙度和裂缝条数与页岩裂缝渗透率之间的单因素定量关系，并最终建立了考虑有效压力、裂缝滑移距、裂缝面粗糙度和裂缝条数的页岩裂缝渗透率综合表征方程。该方程充分考虑了裂缝滑移距、裂缝面粗糙度和裂缝条数等裂缝特征参数以及有效压力等地层条件因素的共存。通过对页岩钻井全储层段不同类型天然裂缝特征参数进行详细描述和计算之后，利用本书提出的页岩天然裂缝渗透率表征方程，可以得到不同类型天然裂缝在实际储层条件下的渗透率大小分布，弥补了现今无法获得地层条件下不同类型天然裂缝渗透率实测值的不足。

# 第六章　页岩天然裂缝对页岩气富集的影响

中国南方上扬子地区经历了加里东期、海西期、印支期、燕山期和喜马拉雅期等多期叠加构造运动。加里东期—海西期—印支期，上扬子地区构造活动以隆升作用为主，相对较弱，形成了"大隆大坳"的构造格局；燕山期受太平洋板块和印度洋板块俯冲的影响，牛蹄塘组和五峰组—龙马溪组页岩持续深埋并达到最大埋深；燕山晚期—喜马拉雅期左旋挤压运动导致一系列北东向展布的逆冲断层和褶皱带的形成，在部分强烈隆升的地区，页岩地层甚至完全剥蚀（张海涛等，2018）。总之，与北美地区经历简单的构造抬升，页岩大面积连续分布，埋藏深度适中不同，多期次抬升剥蚀、褶皱变形和断裂切割作用，使得中国南方上扬子地区下古生界海相页岩层系构造变形复杂、构造类型多样。基于中国南方特殊的高陡构造背景，部分学者提出了中国南方海相页岩气成藏富集模式，包括"二元富集"理论（郭旭升，2014a）、"三元富集"理论（王志刚，2015）、"源-盖控藏富集"理论（聂海宽等，2016）、"三因素控藏"理论（方志雄和何希鹏，2016）等。上述理论的核心均强调了中国南方页岩气成藏富集的3个基础条件：生烃条件、储集条件和保存条件，分别对应于沉积环境、储层特征以及后期构造变形强度。其中，保存条件是中国南方页岩气成藏富集的关键因素，也是与北美页岩气成藏富集的主要区别。页岩气保存条件的研究需要综合考虑区域盖层条件和顶、底板条件及构造运动（抬升剥蚀作用、断裂作用、构造样式）。前人对中国南方海相页岩气保存条件进行了系统研究（郭旭升，2014b；胡东风等，2014；王濡岳等，2016a），但现今还没有学者从天然裂缝的角度探讨裂缝的发育特征对页岩气富集的影响。故而，本书基于不同构造位置页岩各类型天然裂缝发育特征及对页岩气保存、运移影响的系统分析，最终建立了中国南方复杂构造背景下海相页岩气富集模式。

## 第一节　页岩天然裂缝对页岩气富集的影响分析

### 一、页岩天然裂缝发育模式

基于涪陵页岩气田焦石坝区块和平桥区块的构造形态，本书总结了构造和岩相共同控制下的页岩天然裂缝发育模式。同一岩相页岩，在横向不同构造带内，张裂缝、剪切缝和滑脱缝等构造缝的发育特征以及对页岩气聚集或者散失的影响是不同的。对渝东南地区郁山正断层5km距离范围内厚度约30cm的页岩层构造缝密度进行统计（图6-1a），结果显示：随着距断层距离的增加,构造缝密度显著减小。在距断层 1km 的范围内,构造缝很发育,此范围称作破碎带,在破碎带内构造缝密度和规模(指剪切缝规模)很大(图 6-1a、图 6-2),可能会刺穿页岩层,使页岩气沿着裂缝散失,对页岩气保存不利;在距断层 1~3.5km 的范围内,构造缝密度和规模减小,此范围称作过渡带,在过渡带内构造缝密度和规模较大(图 6-1a、图 6-2),且一般在页岩层内发育,成为存储页岩气的位点,对页岩气聚集有利;在距断层3.5km 以外的范围,构造缝密度和规模继续减小并趋于稳定,此范围称作稳定带,在稳定带内构造缝密度和规模都很小(图 6-1a、图 6-2),对页岩气聚集或者散失影响较小。对渝东南南川地区距龙骨溪背斜核部 5km 范围内厚度约 20cm 的页岩层构造缝密度进行统计(图 6-1b),结果显示:随着距背斜核部距离的增加,构造缝密度明显减小。在距背斜核部 1km 的范围内,构造缝极其发育,此范围称作变形带,与破碎带类似,变形带内构造缝密度和规模很大(图 6-1b、图 6-2),可能会刺穿页岩层,使页岩气逸散,对页岩气保存不利;在距背斜核部 1~3km 的范围内,构造缝密度和规模有所减小,此范围称作过渡带,在过渡带内构造缝密度和规模较大(图 6-1b、图 6-2),且常在页岩层内发育,有利于页岩气的聚集;在距背斜核部 3km 以外的范围,构造缝密度和规模继续减小并趋于稳定,此范围称作稳定带,与断层一致,在背斜稳定带内构造缝密度和规模都较小(图 6-1b、图 6-2),对页岩气聚集或者散失几乎没有影响。总体来说,同一岩相页岩,横向上在靠近断层的破碎带和褶皱核部的变形带内,张裂缝、剪切缝和滑脱缝等构造缝发育,规模较大,地层破碎严重(图 6-3),使页岩气极易沿着裂缝散失,对页岩气聚集不利;在离断层和褶皱核部一定距离的过渡带内,构造缝密度和规模有所减小(图 6-3),通常在页岩层内发育,有效增加了页岩储层的存储空间,对页岩气聚集有利;在远离断层和褶皱核部的稳定带内,构造缝密度和规模进一步减小(图 6-3),对页岩气聚集或者散失的影响也趋于消失。由前文研究可知,涪陵地区海相页岩中 TOC 和石英含量的同步增加促进了层理缝和构造缝的发育(图 3-17)。因此,在同一构造带内,由于垂向上 TOC 和石英含量随着页岩储层深度的增加而增加(图 3-17),导致下段富有机碳含黏土硅质页岩层中天然裂缝高度发育,中段含有机碳黏土/硅混合质页岩层中天然裂缝较为发育,而上段贫有机碳含硅黏土质页岩层中天然裂缝不发育(图 6-3)。

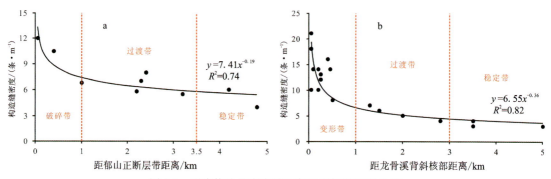

图 6-1 页岩构造缝密度随距断层和褶皱距离分带

a.据付常青,2017;b.据方辉煌,2016

# 第六章　页岩天然裂缝对页岩气富集的影响

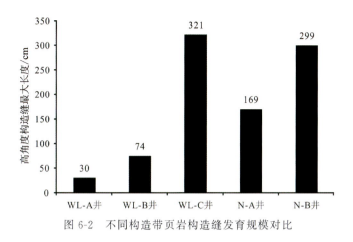

图 6-2　不同构造带页岩构造缝发育规模对比

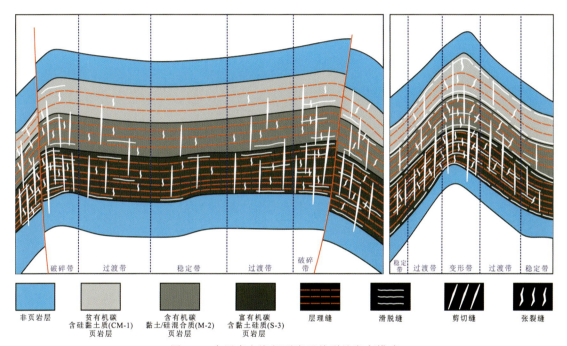

图 6-3　中国南方海相页岩天然裂缝发育模式

涪陵页岩气田裂缝密度与现场实测含气量数据的关系表明：裂缝密度与含气量之间具有积极的关系(图 6-4)，裂缝越发育含气量越高。根据对研究区 WL-A 井、WL-B 井和 WL-C 井岩芯裂缝的观察和描述，这 3 口井中高角度斜交缝的最大长度分别为 30cm、74cm 和 321cm (图 6-2)，远小于页岩储层的厚度(图 3-17)。这意味着所有裂缝都在页岩层内发育，没有形成穿层裂缝。因此，在良好的保存条件下，也就是说，裂缝的数量和规模适中，没有刺穿页岩层导致页岩气向相邻的非页岩层泄漏，裂缝可以成为页岩气的存储位点，有利于页岩气的聚集。综上所述，控制页岩气聚集的关键因素是确定页岩是否处于"裂而不破"的状态，即页岩储层中发育大量规模适中的裂缝，没有大规模穿层裂缝破坏页岩的完整性。

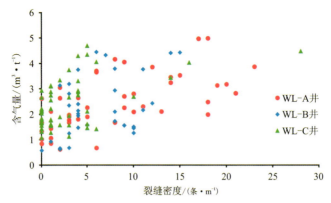

图 6-4 涪陵地区五峰组—龙马溪组页岩天然裂缝对含气量的影响

综合上述所有分析,将横向不同构造带内裂缝发育特征和纵向不同岩相页岩层内裂缝发育特征进行结合,本书认为位于过渡带的富有机碳含黏土硅质页岩层生烃条件有利,处于"裂而不破"的状态,裂缝的发育有助于增加页岩储层的有效储集空间,对页岩气聚集有利,有望成为我国南方大多数海相页岩气藏最为有利的页岩气勘探区。

## 二、页岩天然裂缝对页岩气保存和运移的影响

由前文研究可知,不同类型天然裂缝具有不同的发育特征,从而对页岩气的保存和运移产生不同的影响,进而对页岩气的富集起着重要作用。页岩中主要存在两类裂缝,即包含斜交剪切缝和垂直张裂缝的高角度斜交缝以及包含顺层滑脱缝和层间页理缝的水平缝两大类。

具有光滑裂缝面的层理缝是页岩储层中最常见的裂缝类型(图 3-13、图 3-14),本书的页岩裂缝渗透率实验结果表明:裂缝面越光滑,原位闭合裂缝渗透率就越高(图 5-18),但更重要的是,随着有效压力的增加,原位闭合裂缝渗透率显著减小(图 5-13)。根据美国能源部(Department of Energy, DOE)将渗透率 $0.01×10^{-3}\mu m^2$ 作为页岩与常规储层界限这一分类标准,本书认为渗透率大于 $0.01×10^{-3}\mu m^2$ 时以达西流为主,渗透率小于 $0.01×10^{-3}\mu m^2$ 时以非达西流扩散为主,因此,取 $0.01×10^{-3}\mu m^2$ 作为页岩气渗流区和页岩气非渗流区的界限,通过公式(5-19)可以计算出无滑移的光滑裂缝渗透率为 $0.01×10^{-3}\mu m^2$ 时对应的有效压力约35MPa。故而,在有效压力小于 35MPa 时,层理缝对页岩气渗流有效;在有效压力大于 35MPa 时,层理缝对页岩气渗流无效。基于公式(6-1),计算出涪陵地区有效压力 35MPa 对应的地层埋深约 4000m,因此,对于埋深小于 4000m 的浅部页岩层,层理缝对页岩气侧向运移有效;而对于埋深大于 4000m 的深部页岩层,层理缝对页岩气侧向运移无效。

$$P_e = \rho_r gh \times 10^{-6} - P_c \rho_w gh \times 10^{-6} \qquad (6-1)$$

式中:$P_e$ 为有效压力(MPa);$\rho_r$ 为上覆岩石密度,取 $2500kg/m^3$;$g$ 为重力加速度,取 $9.83N/kg$;$h$ 为页岩层埋深(m);$P_c$ 为压力系数,涪陵地区 JY1 井为 1.55,WL-A 井为 1.65,WL-C 井为 1.67,取平均值 1.6 作为压力系数值;$\rho_w$ 为水的密度,取 $1000kg/m^3$。

平行层面的滑脱缝通常显示擦痕、阶步和镜面特征(图 3-11、图 3-12),指示了裂缝滑移,裂缝滑移可以明显提高裂缝渗透率(图 5-20)。此外,与原位闭合裂缝相比,滑移裂缝渗透率对有

效压力敏感性较小,或者说随着有效压力的增加,滑移裂缝渗透率减小幅度降低(图 5-19),也就是说,与层理缝相比,滑脱缝在深部页岩层对页岩气侧向运移仍然有效。进一步地,通过对靠近断裂区的 WL-B 井裂缝滑移距的分析(图 6-5),本书认为过渡带发育的滑脱缝裂缝滑移距在 0.5mm 左右,变形带和破碎带发育的滑脱缝裂缝滑移距在 1mm 左右。同样根据公式(5-19)可以计算出滑移裂缝渗透率为 $0.01×10^{-3}\mu m^2$ 时对应的有效压力分别为 271MPa 和 553MPa,所对应的地层埋深分别为 30 660m 和 62 465m,这些深度已远远超过现今页岩气实际勘探深度。因此,在目前页岩气勘探深度条件下,顺层滑脱缝将显著促进页岩气侧向运移。

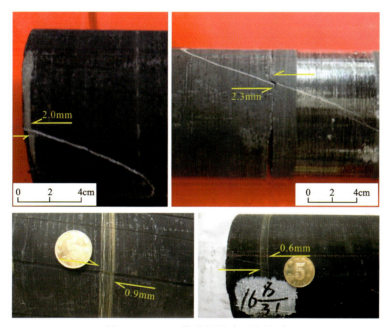

图 6-5　WL-B 井裂缝滑移距的判别

高角度剪切缝(包括小规模断层)具有明显的裂缝滑移(图 3-7、图 3-8),发育规模很大(图 3-6、图 3-9、图 3-10),且随着构造活动强度的增加裂缝长度增大(图 6-2),尤其是在构造活动强烈的地区通常切穿不同的地层(图 3-6)。即使在深层条件下(图 5-20),裂缝滑移可以显著提高裂缝渗透率,但是大的规模可能会导致页岩气沿着裂缝运移到相邻的非页岩层而发生泄漏,因此,剪切缝可能会破坏页岩气保存条件,对页岩气富集不利。

与剪切缝不同,垂直张裂缝在层内发育(图 3-1～图 3-3),规模较小(图 3-4、图 3-5),对页岩气保存影响较小。然而,这些层内张裂缝密集发育(图 3-1),开度较大,对页岩气层内垂向运移有很大贡献。

综上所述,在小于 4000m 的浅部页岩层,层内张裂缝与层间页理缝和顺层滑脱缝相连,形成有利于页岩气阶梯式运移和构造高点富集的裂缝网络(图 6-6a);而在大于 4000m 的深部页岩层,层内张裂缝仅与顺层滑脱缝相连,形成有利于页岩气阶梯式运移和构造高点富集的裂缝网络(图 6-6b)。但与浅部页岩层相比,深部页岩层层间页理缝这一运移通道的减少,使得页岩气高点富集变得相对更加困难,表现为富集时间的延长和富集丰度、规模的减小等。在构造活动较弱的地区,剪切缝也可成为页岩气层内垂向运移的通道(图 6-6),但是,在构造活动强烈的地区,剪切缝则有可能刺穿页岩层,使页岩气沿着裂缝逸散,对页岩气富集不利(图6-6)。因此,解释构造类型,明确天然裂缝分布特征,寻找保存条件较好的构造高点有利区,是实现中国南方复杂构造区页岩气成功勘探的关键。

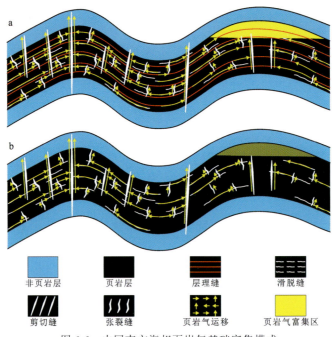

图 6-6 中国南方海相页岩气基础富集模式
a. 浅部页岩层;b. 深部页岩层

## 第二节 页岩气富集模式

本书以涪陵地区为例建立页岩气富集模式。涪陵地区五峰组—龙马溪组页岩区域盖层为龙马溪组之上小河坝组—韩家店组深灰色、灰色和灰绿色泥岩、粉砂质泥岩、泥质粉砂岩,其分布面积广泛,累计厚度大,一般在 600~800m 之间;此外,三叠系膏盐岩层主要厚度介于 70~250m 之间,局部地区厚度大于 500m,孔隙度一般小于 2%,渗透率一般小于 $0.01\times10^{-3}\mu m^2$,突破压力一般大于 60MPa,是另一套良好的区域盖层(郭旭升,2014b)。涪陵地区五峰组—龙马溪组页岩顶板为龙马溪组上段深灰色粉砂岩(厚度为 50m 左右,孔隙度平均为 2.4%,渗透率平均为 $0.0016\times10^{-3}\mu m^2$,突破压力为 69.8~71.2MPa),底板为临湘组含泥瘤状灰岩(厚度为 30~40m,孔隙度平均为 1.58%,渗透率平均为 $0.0017\times10^{-3}\mu m^2$,突破压力为 64.5~70.4MPa)(郭旭升,2014b)。总体来看,区域盖层和顶、底板具有厚度大、分布面积广、岩性致密等特征,对页岩气具有良好的封闭能力。涪陵地区处于盆内隔档式褶皱带,构造变形相对较弱,抬升相对较晚,剥蚀量相对较小,页岩层处于适当的埋深(2000~4000m)。因此,在区域盖层和顶、底板及抬升剥蚀量都对页岩气保存有利的条件下,可以将裂缝和裂缝相关参数作为影响该地区页岩气保存、运移,进而富集的关键因素,并在此基础上建立页岩气富集模式。

由前文分析可知,埋深小于4000m的浅层页岩,层理缝对页岩气侧向运移有效;埋深大于4000m的深层页岩,层理缝对页岩气侧向运移无效。另外,WL-A井位于涪陵页岩气田焦石坝平缓断背斜的核部,高角度构造缝最大长度为30cm;WL-B井位于涪陵页岩气田焦石坝平缓断背斜的翼部,靠近石门断层的位置,高角度构造缝最大长度为74cm;WL-C井位于涪陵页岩气田平桥紧闭断背斜的核部,高角度构造缝最大长度为321cm。因此,要保证高角度构造缝在页岩层内发育,页岩层厚度至少要大于321cm。本书将5m(由于钻井取芯的限制,岩芯观察裂缝长度可能小于实际裂缝长度)作为厚层页岩与薄层页岩的分界,厚层页岩大部分高角度构造缝在层内发育,对页岩气聚集有利;而薄层页岩多数高角度构造缝穿层发育,会使页岩气顺裂缝散失,对页岩气聚集不利。基于上述,本书建立了裂缝和裂缝相关参数(岩相、构造位置、页岩层埋深和层厚)共同约束下的页岩气富集模式。

### 一、稳定区浅部厚层页岩

位于稳定区的浅部厚层页岩,构造缝(包括高角度张裂缝、剪切缝和顺层滑脱缝)不发育,水平层理缝发育,是主要的裂缝类型。页岩气沿着层理缝向构造高点运移,并在构造高点富集(图6-7a)。而页岩气富集丰度的差异主要由TOC含量、矿物成分等页岩内部性质所决定,富集丰度大小为富有机碳含黏土硅质页岩层＞含有机碳黏土/硅混合质页岩层＞贫有机碳含硅黏土质页岩层(图6-7a)。

### 二、断裂区浅部厚层页岩

位于断裂区的浅部厚层页岩,水平层理缝发育,顺层滑脱缝密度有所增加,页岩气沿着层理缝和滑脱缝向构造高点运移(图6-7b)。但在靠近断层的破碎带内,高角度构造缝密度和规模都很大,可能会刺穿页岩层,使页岩气沿着裂缝散失(图6-7b);在离断层一定距离的过渡带内,高角度构造缝密度和规模减小,在页岩层内发育,成为页岩气聚集的空间和垂向运移的通道,使页岩气在构造高点大量富集(图6-7b);在远离断层的稳定带内,高角度构造缝密度和规模进一步减小,相对于过渡带,裂缝这一聚集空间的减少使得页岩气富集丰度降低(图6-7b)。相比于贫有机碳含硅黏土质页岩层,富有机碳含黏土硅质页岩层中层理缝和构造缝都更为发育,更有利于页岩气的运移和聚集。

### 三、变形区浅部厚层页岩

位于变形区的浅部厚层页岩,水平层理缝发育,顺层滑脱缝密度显著增加,页岩气沿着层理缝和滑脱缝向构造高点运移(图6-7c)。在背斜核部的变形带内,高角度构造缝密度和规模很大,其中张裂缝层内密集发育,剪切缝延伸较长,可能会刺穿页岩层,使页岩气沿着裂缝逸散(图6-7c);在离背斜核部一定距离的过渡带内,高角度构造缝密度较大,规模适中,在页岩层内发育,有利于页岩气的聚集和垂向运移,使页岩气在构造高点大量富集(图6-7c);在远离背斜核部的稳定带内,相比于过渡带,裂缝密度和规模都较小,一方面是裂缝这一聚集空间减少,另一方面是页岩层位于构造低点,综合使得页岩气富集丰度降低(图6-7c)。富有机碳含黏土硅质页岩层中层理缝和构造缝都更为发育,更有利于页岩气的运移和聚集。

### 四、稳定区浅部薄层页岩

位于稳定区的浅部薄层页岩,构造缝(包括高角度张裂缝、剪切缝和顺层滑脱缝)不发育,水平层理缝发育,与位于稳定区的浅部厚层页岩类似,页岩气沿着层理缝向构造高点运移,并在构造高点富集(图 6-7d)。

### 五、断裂区浅部薄层页岩

位于断裂区的浅部薄层页岩,页岩气富集模式与位于断裂区的浅部厚层页岩相似,只不过在过渡带内高角度构造缝依然有可能刺穿页岩层,使得页岩气沿着裂缝泄漏,只有在稳定带内高角度构造缝才在页岩层内发育,并与水平层理缝和顺层滑脱缝形成裂缝网络,促使页岩气在层内高点富集(图 6-7e)。也就是说相比于厚层页岩,薄层页岩的页岩气富集区变窄,集中于稳定带内。

### 六、变形区浅部薄层页岩

位于变形区的浅部薄层页岩,页岩气富集模式与位于变形区的浅部厚层页岩类似,但过渡带内高角度构造缝仍可能刺穿页岩层,造成页岩气的泄漏,故而相比于厚层页岩,页岩气富集区缩小至稳定带内(图 6-7f)。

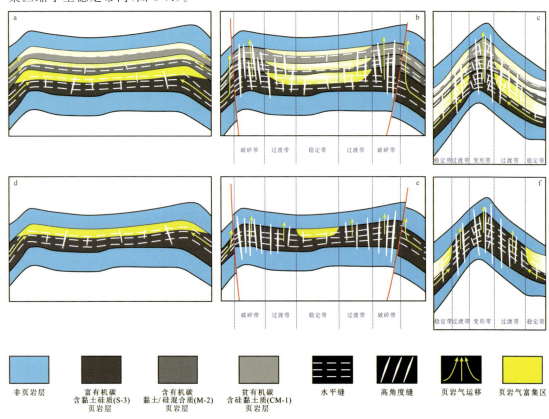

图 6-7 不同构造类型浅层页岩气富集模式

## 七、稳定区深部厚层页岩

位于稳定区的深部厚层页岩,层理缝闭合,对页岩气运移无效,而顺层滑脱缝也不发育,故而页岩气不会发生侧向运移并在高点富集。稳定区内高角度构造缝(张裂缝和剪切缝)不甚发育,但是裂缝发育的位置往往会成为页岩气聚集的位点,形成分散的甜点区(图6-8a)。

## 八、断裂区深部厚层页岩

位于断裂区的深部厚层页岩,层理缝闭合,在靠近断层的破碎带内,顺层滑脱缝和高角度构造缝(张裂缝和剪切缝)发育,其中高角度构造缝中的剪切缝规模较大,很可能刺穿页岩层,导致页岩气的散失(图6-8b);在离断层一定距离的过渡带内,顺层滑脱缝和高角度构造缝发育程度降低,且高角度斜交缝规模变小,大部分在页岩层内发育,成为页岩气聚集的甜点区(图6-8b),顺层滑脱缝和高角度斜交缝形成的缝网也可使页岩气在构造高点富集(图6-8b);在远离断层的稳定带内,顺层滑脱缝和高角度构造缝密度和规模进一步下降,页岩气甜点区相对于过渡带变少(图6-8b)。

## 九、变形区深部厚层页岩

位于变形区的深部厚层页岩,层理缝闭合,在背斜核部的变形带内,顺层滑脱缝和高角度构造缝(张裂缝和剪切缝)发育,其中高角度构造缝中的剪切缝规模很大,较易刺穿页岩层,造成页岩气的逸散(图6-8c);在距背斜核部一定距离的过渡带内,顺层滑脱缝和高角度构造缝密度减少,尤其是高角度斜交缝发育规模变小,成为页岩层内页岩气富集的甜点区(图6-8c),顺层滑脱缝和高角度斜交缝构成的缝网也可使页岩气在构造高点富集(图6-8c);在远离背斜核部的稳定带内,顺层滑脱缝和高角度构造缝密度和规模进一步减小,页岩气甜点区较过渡带也减少(图6-8c)。

## 十、稳定区深部薄层页岩

位于稳定区的深部薄层页岩,层理缝闭合,顺层滑脱缝很少,高角度构造缝(张裂缝和剪切缝)不发育且规模较小,页岩气不会发生侧向运移并在高点富集,但裂缝存在的位置会形成页岩气的甜点区(图6-8d)。

## 十一、断裂区深部薄层页岩

位于断裂区的深部薄层页岩,页岩气富集模式与位于断裂区的深部厚层页岩类似,只不过在过渡带内高角度构造缝也可能刺穿页岩层,造成页岩气的逸散(图6-8e),页岩气甜点区仅处于稳定带内(图6-8e)。

## 十二、变形区深部薄层页岩

位于变形区的深部薄层页岩,页岩气富集模式与位于变形区的深部厚层页岩相似,只不过高角度构造缝也可能造成过渡带内页岩气的散失(图6-8f),页岩气甜点区缩小至稳定带内

(图 6-8f)。

概括来说,埋深小于 4000m 的浅层页岩,页岩气富集模式为构造高点式分带富集;埋深大于 4000m 的深层页岩,页岩气富集模式以甜点式分带富集为主,兼具构造高点式富集。本书提出的页岩气富集模式对于中国南方复杂构造背景下页岩气勘探具有指导意义,尤其是对未来深层、超深层页岩气的勘探提供了理论指导。

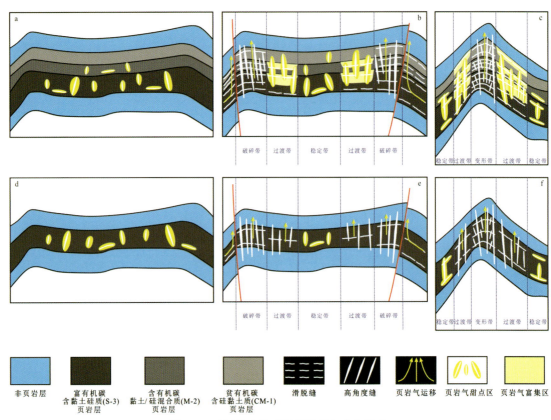

图 6-8 不同构造类型深层页岩气富集模式

# 第七章 结论与认识

中国南方上扬子地台发育下寒武统牛蹄塘组和上奥陶统五峰组—下志留统龙马溪组两套黑色海相页岩层系。与北美地区经历简单的构造抬升、页岩大面积连续分布、埋藏深度适中不同,中国南方上扬子地台牛蹄塘组和五峰组—龙马溪组两套主要的页岩层系沉积后,经历了加里东期、海西期、印支期、燕山期和喜马拉雅期构造运动的叠加改造,表现为多期次抬升剥蚀和褶皱、断裂作用,使得中国南方页岩层系构造类型复杂多样,天然裂缝发育。页岩通常以低孔隙度、特低渗透率为特征,孔隙度一般介于 $2\%\sim15\%$ 之间,基质渗透率处于纳达西到微达西之间,那么天然裂缝的发育对于富有机质页岩而言则具有重要的意义。天然裂缝不仅可以为页岩气提供充足的存储空间,并且可以极大改善页岩的渗流能力,成为游离气的运移通道,另外,天然裂缝也有助于吸附气的解吸。所以,天然裂缝对页岩气的聚集具有重要的作用。同时,上扬子地台四川盆地及周缘从盆内到盆外呈现出不同的构造变形样式,主要由盆内弱变形的隔档式—盆缘中等变形的"槽—档"过渡带—盆外强变形的隔槽式褶皱带所组成,从而导致四川盆地内外发育不同类型的天然裂缝。不同类型的天然裂缝具有不同的发育特征,即裂缝开度、裂缝长度、裂缝倾角、裂缝面粗糙度、裂缝滑移距和裂缝密度等裂缝特征参数发育差异较大,进而导致不同类型的天然裂缝对页岩气富集的影响不同。所以,评价不同类型天然裂缝对页岩气富集的影响,对中国南方不同构造变形区页岩气的勘探具有重大意义。

本书通过对中国南方上扬子地台涪陵地区五峰组—龙马溪组和岑巩地区牛蹄塘组页岩钻井岩芯,以及渝东南地区五峰组—龙马溪组和黔北地区牛蹄塘组页岩野外剖面天然裂缝进行详细的观察、描述和统计分析,阐明了不同构造变形区页岩不同类型天然裂缝的发育特征也即不同类型天然裂缝特征参数的差异性。同时,对裂缝观测段页岩样品进行 TOC、矿物成分和力学实验等,明确了页岩天然裂缝发育的控制因素。此外,对页岩标准柱状样品进行人工造缝、扫描裂缝面、改变裂缝滑移距、裂缝开度和裂缝条数等,并分别进行覆压渗透率测试,找出了裂缝特征参数与页岩裂缝渗透率之间的定量关系,建立了页岩裂缝渗透率综合表征方程。最终,结合涪陵地区页岩不同类型天然裂缝发育的实际特征和地层条件下其渗透率大小,明确了不同类型天然裂缝对页岩气富集的影响,提出了不同构造变形区页岩气富集模式。本书取得的主要成果和认识如下:

(1)涪陵地区五峰组—龙马溪组页岩 TOC 含量集中位于 $1\%\sim2\%$ 之间,岑巩地区牛蹄塘组页岩 TOC 含量主要分布在 $1\%\sim5\%$ 之间,牛蹄塘组页岩 TOC 含量明显高于五峰组—龙马溪组页岩。涪陵地区五峰组—龙马溪组页岩和岑巩地区牛蹄塘组页岩矿物成分都是以石英和黏土为主,此外还含有少量的长石、碳酸盐矿物和黄铁矿,牛蹄塘组页岩黏土含量低于五峰组—龙马溪组页岩。从岩相三角图中可知:涪陵地区五峰组—龙马溪组页岩主要位于含硅黏土质页岩相、黏土/硅混合质页岩相和含黏土硅质页岩相;岑巩地区牛蹄塘组页岩主要位于黏土/硅混合质页岩相、含黏土硅质页岩相、混合硅质页岩相和硅质页岩相。

(2)页岩中天然裂缝主要包括构造成因的垂直张裂缝、斜交剪切缝和顺层滑脱缝,以及非构造成因的层理缝,其中以层理缝最为发育,在断裂区和变形区构造缝密度增加、规模增大。大部分层理缝没有被充填,少部分被黄铁矿、方解石和黄铁矿方解石共同充填。所有滑脱缝都没有被充填,裂缝面可见指示层面相对滑动的擦痕、阶步和光滑的镜面。张裂缝倾角分布在 75°~90°之间,长度很小,主要分布在 0~5cm,其次是 5~10cm,通常层内密集发育,被方解石充填。剪切缝缝面常可见指示剪切滑移的擦痕或者镜面,倾角分布在 15°~90°之间,与张裂缝相比长度明显增加,主要分布范围大于 10cm,常穿层发育,部分被方解石充填。

(3)页岩天然裂缝发育的控制因素包括构造作用、TOC 含量、矿物成分和页岩层厚。构造变形带和断裂带中页岩构造缝大量发育,随着距褶皱核部和断层距离的增加,构造缝密度和规模减小。页岩天然裂缝密度随着有机碳含量和石英含量的增加而增大,但是当有机碳含量和石英含量超过一定值时(有机碳含量为 6%,石英含量为 60%),天然裂缝发育程度反而降低。有机碳和矿物成分对页岩天然裂缝密度的综合影响可以概括为岩相对页岩天然裂缝发育的控制。页岩层厚对裂缝的发育具有消极的影响,本质上可归因于不同层厚页岩物质组分的差异对其的影响。

(4)页岩覆压渗透率实验结果显示:沉积层理对页岩渗透率改善程度很小,而裂缝可以显著提高页岩渗透率,即使在最大有效压力 48MPa 条件下,原位闭合裂缝样品的渗透率也可比基质样品增加一个数量级。裂缝面越光滑,裂缝渗透率越高。裂缝滑移可以显著提高裂缝渗透率,且滑移裂缝的应力敏感性比原位闭裂缝要低,即随着压力的增加,滑移裂缝渗透率降低幅度要小。裂缝开度是控制裂缝渗透率的根本因素,裂缝渗透率与裂缝开度的立方呈积极的正相关关系,因此裂缝开度的略微变化,可以引起裂缝渗透率的巨大改变。随着有效压力的增大,裂缝闭合,裂缝渗透率显著减小,裂缝渗透率与有效压力之间具有很好的幂函数关系。页岩裂缝渗透率随裂缝条数的增加呈幂函数形式增大。

(5)将页岩覆压渗透率实验结果和不同类型天然裂缝发育特征相结合得到:具有光滑裂缝面的层理缝是页岩层中常见的裂缝类型,裂缝面越光滑,原位闭合裂缝渗透率就越高,但更加重要的是,随着有效压力的增加,原位闭合裂缝渗透率显著减小。因此,浅层页岩,层理缝对页岩气侧向运移有效;而深层页岩,层理缝对页岩气侧向运移无效。顺层滑脱缝通常显示擦痕、阶步和镜面特征,指示了裂缝滑移,裂缝滑移可以明显改善裂缝渗透率,且与原位闭合裂缝相比,随着有效压力的增加,滑移裂缝渗透率减小幅度降低,也就是说,与层理缝相比,顺层滑脱缝在深层页岩对页岩气侧向运移仍然有效。高角度剪切缝具有明显的裂缝滑移,并且在构造活动强烈的地区,规模很大且通常切穿不同的地层。即使在深层条件下,裂缝滑移也可以显著提高裂缝渗透率,但是大规模裂缝可能会导致页岩气运移到相邻的非页岩层而发生逸散。因此,剪切缝可能会破坏页岩气的保存状态,对页岩气富集不利。与剪切缝不同,垂直张裂缝层内发育,规模较小,对页岩气保存影响较小;然而,这些层内张裂缝密集发育,对页气层内垂向运移有很大贡献。综上所述,浅层页岩,层内张裂缝与层理缝和顺层滑脱缝相连,形成有利于页岩气阶梯式运移和构造高点富集的裂缝网络;深层页岩,层内张裂缝与顺层滑脱缝相连,形成有利于页岩气阶梯式运移和构造高点富集的裂缝网络。

(6)基于涪陵页岩气田构造类型和页岩天然裂缝发育的实际特征,建立了岩相、构造位置、裂缝类型、页岩层埋深和层厚共同约束下的页岩气富集模式。埋深小于4000m的浅层页岩,页岩气富集模式为构造高点式分带富集;埋深大于4000m的深层页岩,页岩气富集模式以甜点式分带富集为主,兼具构造高点式富集。本书对中国南方上扬子地台不同构造变形区页岩气勘探具有重要意义。

# 主要参考文献

白振瑞,2012.遵义—綦江地区下寒武统牛蹄塘组页岩沉积特征及页岩气评价参数研究[D].北京:中国地质大学(北京).

陈世悦,龚文磊,张顺,等,2016.黄骅坳陷沧东凹陷孔二段泥页岩裂缝发育特征及主控因素分析[J].现代地质,30(1):144-154.

梁狄刚,郭彤楼,边立曾,等,2009.中国南方海相生烃成藏研究的若干新进展(三):南方四套区域性海相烃源岩的沉积相及发育的控制因素[J].海相油气地质,14(2):1-19.

丁文龙,李超,李春燕,等,2012.页岩裂缝发育主控因素及其对含气性的影响[J].地学前缘,19(2):212-220.

丁文龙,许长春,久凯,等,2011.泥页岩裂缝研究进展[J].地球科学进展,26(2):135-144.

端祥刚,安为国,胡志明,等,2017.四川盆地志留系龙马溪组页岩裂缝应力敏感实验[J].天然气地球科学,28(9):1416-1424.

范存辉,钟城,秦启荣,等,2018.川东南丁山地区龙马溪组页岩裂缝特征及对含气性的影响[J].地质科学,53(2):487-509.

方辉煌,2016.重庆南川龙马溪组页岩裂隙发育规律及构造控制研究[D].徐州:中国矿业大学.

方志雄,何希鹏,2016.渝东南武隆向斜常压页岩气形成与演化[J].石油与天然气地质,37(6):819-827.

付常青,2017.渝东南五峰组—龙马溪组页岩储层特征与页岩气富集研究[D].徐州:中国矿业大学.

付景龙,2014.黔西北地区构造演化与下古生界富有机质页岩裂缝特征研究[D].北京:中国地质大学(北京).

郭彤楼,张汉荣,2014.四川盆地焦石坝页岩气田形成与富集高产模式[J].石油勘探与开发,41(1):28-36.

郭旭升,2014a.南方海相页岩气"二元富集"规律:四川盆地及周缘龙马溪组页岩气勘探实践认识[J].地质学报,88(7):1209-1218.

郭旭升,2014b.涪陵页岩气田焦石坝区块富集机理与勘探技术[M].北京:科学出版社.

## 主要参考文献

郭旭升,胡东风,魏祥峰,等,2016.四川盆地焦石坝地区页岩裂缝发育主控因素及对产能的影响[J].石油与天然气地质,37(6):799-808.

胡东风,张汉荣,倪楷,等,2014.四川盆地东南缘海相页岩气保存条件及其主控因素[J].天然气工业,34(6):17-23.

久凯,丁文龙,李玉喜,等,2012.黔北地区构造特征与下寒武统页岩气储层裂缝研究[J].天然气地球科学,23(4):797-803.

龙鹏宇,2011.上扬子地区页岩气成藏条件及有利区分析[D].北京:中国地质大学(北京).

龙鹏宇,张金川,姜文利,等,2012.渝页1井储层孔隙发育特征及其影响因素分析[J].中南大学学报(自然科学版),43(10):3954-3963.

龙鹏宇,张金川,唐玄,等,2011.泥页岩裂缝发育特征及其对页岩气勘探和开发的影响[J].天然气地球科学,22(3):525-532.

聂海宽,金之钧,边瑞康,等,2016.四川盆地及其周缘上奥陶统五峰组—下志留统龙马溪组页岩气"源-盖控藏"富集[J].石油学报,37(5):557-571.

任影,2017.层理节理影响下的页岩气流动规律研究[D].成都:西南石油大学.

舒志恒,2018.涪陵页岩气田五峰组—龙马溪组含气页岩段裂缝发育特征及其影响[J].中外能源,23(11):30-35.

苏文博,李志明,ETTENSOHN F R,等,2007.华南五峰组—龙马溪组黑色岩系时空展布的主控因素及其启示[J].地球科学,32(6):819-827.

孙莎莎,芮昀,董大忠,等,2018.中、上扬子地区晚奥陶世—早志留世古地理演化及页岩沉积模式[J].石油与天然气地质,39(6):1087-1106.

陶树,汤达祯,许浩,等,2009.中、上扬子区寒武—志留系高过成熟烃源岩热演化史分析[J].自然科学进展,19(10):1126-1133.

王芮川,赵靖舟,丁文龙,等,2015.渝东南地区龙马溪组页岩裂缝发育特征[J].天然气地球科学,26(4):760-770.

王濡岳,丁文龙,龚大建,等,2016a.黔北地区海相页岩气保存条件:以贵州岑巩区块下寒武统牛蹄塘组为例[J].石油与天然气地质,37(1):45-55.

王濡岳,丁文龙,龚大建,等,2016b.渝东南—黔北地区下寒武统牛蹄塘组页岩裂缝发育特征与主控因素[J].石油学报,37(7):832-845,877.

王濡岳,胡宗全,刘敬寿,等,2018a.中国南方海相与陆相页岩裂缝发育特征及主控因素对比:以黔北岑巩地区下寒武统为例[J].石油与天然气地质,39(4):631-640.

王濡岳,王兴华,龚大建,等,2018b.黔东南地区下寒武统页岩裂缝发育特征与主控因素[J].东北石油大学学报,42(3):56-64.

王淑芳,邹才能,董大忠,等,2014.四川盆地富有机质页岩硅质生物成因及对页岩气开发的意义[J].北京大学学报(自然科学版),50(3):476-486.

王玉满,李新景,董大忠,等,2017.上扬子地区五峰组—龙马溪组优质页岩沉积主控因素[J].天然气工业,37(4):9-20.

王玉满,沈均均,邱振,等,2021.中上扬子地区下寒武统筇竹寺组结核体发育特征及沉积环境意义[J].天然气地球科学,32(9):1308-1323.

汪星,2015.渝东南地区下古生界页岩层系构造特征与页岩气保存条件研究[D].成都:西南石油大学.

王幸蒙,姜振学,王世骋,等,2018.泥页岩天然裂缝特征及其对页岩气成藏、开发的控制作用[J].科学技术与工程,18(8):34-42.

王志刚,2015.涪陵页岩气勘探开发重大突破与启示[J].石油与天然气地质,36(1):1-6.

魏志红,2015.四川盆地及其周缘五峰组—龙马溪组页岩气的晚期逸散[J].石油与天然气地质,36(4):659-665.

吴建发,赵圣贤,范存辉,等,2021.川南长宁地区龙马溪组富有机质页岩裂缝发育特征及其与含气性的关系[J].石油学报,42(4):428-446.

吴珂,2015.川东典型页岩气藏储层孔渗表征[D].成都:西南石油大学.

吴蓝宇,胡东风,陆永潮,等,2016.四川盆地涪陵气田五峰组—龙马溪组页岩优势岩相[J].石油勘探与开发,43(2):189-197.

许光祥,钟亮,2012.河道床面形态分形量化方法比较研究[J].应用基础与工程科学学报,20(5):902-911.

杨决算,侯杰,2017.泥页岩微裂缝模拟新方法及封堵评价实验[J].钻井液与完井液,34(1):45-49.

尹帅,丁文龙,刘建军,等,2016.沁水盆地南部地区山西组煤系地层裂缝发育特征及其与含气性关系[J].天然气地球科学,27(10):1855-1868.

岳锋,程礼军,焦伟伟,等,2016.渝东南下古生界页岩构造裂缝形成及分布控制因素[J].地质科学,51(4):1090-1100.

岳锋,焦伟伟,郭淑军,2015.渝东南牛蹄塘组页岩裂缝及其分布控制因素[J].煤田地质与勘探,43(6):39-44.

张海涛,张颖,何希鹏,等,2018.渝东南武隆地区构造作用对页岩气形成与保存的影响[J].中国石油勘探,23(5):47-56.

张金川,韩双彪,唐玄,等,2019.上扬子地区下古生界页岩气地质评价[M].北京:科学出版社.

张仕强,焦棣,罗平亚,等,1998.天然岩石裂缝表面形态描述[J].西南石油学院学报,20(2):19-22.

张士万,孟志勇,郭战峰,等,2014.涪陵地区龙马溪组页岩储层特征及其发育主控因素

[J].天然气工业,34(12):16-24.

张亚衡,周宏伟,谢和平,2005.粗糙表面分形维数估算的改进立方体覆盖法[J].岩石力学与工程学报,24(17):3192-3196.

张烨,潘林华,周彤,等,2015.龙马溪组页岩应力敏感性实验评价[J].科学技术与工程,15(8):37-41.

张义,贺卫东,陈科,等,2006.网状裂缝性岩芯室内敏感性实验研究[J].西部探矿工程,117(1):86-89.

赵立翠,高旺来,赵莉,等,2013.页岩储层应力敏感性实验研究及影响因素分析[J].重庆科技学院学报(自然科学版),15(3):43-46.

周宏伟,谢和平,KWASNIEWSKI M A,2000.粗糙表面分维计算的立方体覆盖法[J].摩擦学学报,20(6):455-459.

周文,1998.裂缝性油气储集层评价方法[M].成都:四川科技出版社.

朱光有,张水昌,梁英波,等,2006.四川盆地威远气田硫化氢的成因及其证据[J].科学通报,51(23):2780-2788.

朱利锋,翁剑桥,吕文雅,2016.四川长宁地区页岩储层天然裂缝发育特征及研究意义[J].地质调查与研究,39(2):104-110.

朱梦月,秦启荣,李虎,等,2017.川东南DS地区龙马溪组页岩裂缝发育特征及主控因素[J].油气地质与采收率,24(6):54-59.

邹才能,董大忠,王社教,等,2010.中国页岩气形成机理、地质特征及资源潜力[J].石油勘探与开发,37(6):641-653.

邹才能,董大忠,王玉满,等,2015.中国页岩气特征、挑战及前景(一)[J].石油勘探与开发,42(6):689-701.

邹才能,董大忠,王玉满,等,2016.中国页岩气特征、挑战及前景(二)[J].石油勘探与开发,43(2):166-178.

ALLAN A M,VANORIO T,DAHL J E P,2014. Pyrolysis-induced P-wave velocity anisotropy in organic-rich shales [J]. Geophysics,79(2):41-53.

ANDERS M H,LAUBACH S E,SCHOLZ C H,2014. Microfractures:A review [J]. Journal of Structural Geology,69:377-394.

BECKER A,GROSS M R,1996. Mechanism for joint saturation in mechanically layered rocks:An example from southern Israel [J]. Tectonophysics,257:223-237.

BERNABE Y,1986. The effective pressure law for permeability in Chelmsford Granite and Barre Granite [J]. International Journal of Rock Mechanics and Mining Sciences & Geomechanics Abstracts,23(3):267-275.

BOGDONOV A A,1947. The intensity of cleavage as related to the thickness of beds

[J]. Soviet Geology, 16: 102-104.

BRACE W F, WALSH J B, FRANGOS W T, 1968. Permeability of granite under high pressure [J]. Journal of Geophysical Research, 73 (6): 2225-2236.

BROWN S R, 1987. Fluid flow through rock joints: The effect of surface roughness [J]. Journal of Geophysical Research, 92 (B2): 1337-1347.

CANFIELD D E, 1989. Sulfate reduction and oxic respiration in marine sediments: Implications for organic carbon preservation in euxinic environments [J]. Deep Sea Research, 36 (1): 121-138.

CARMINATI E, ALDEGA L, TRIPPETTA F, et al., 2014. Control of folding and faulting on fracturing in the Zagros (Iran): The Kuh-e-Sarbalesh anticline [J]. Journal of Asian Earth Sciences, 79: 400-414.

CHALMERS G R L, ROSS D J K, BUSTIN R M, 2012. Geological controls on matrix permeability of Devonian gas shales in the Horn River and Liard basins, northeastern British Columbia, Canada [J]. International Journal of Coal Geology, 103: 120-131.

CHEN D, PAN Z J, YE Z H, 2015. Dependence of gas shale fracture permeability on effective stress and reservoir pressure: Model match and insights [J]. Fuel, 139: 383-392.

CHEN T M N, ZHU W, WONG T F, et al., 2009. Laboratory characterization of permeability and its anisotropy of Chelungpu fault rocks [J]. Pure and Applied Geophysics, 166: 1011-1036.

COBBOLD P R, RODRIGUES N, 2007. Seepage forces, important factors in the formation of horizontal hydraulic fractures and bedding-parallel fibrous veins ('beef' and 'cone-in-cone')[J]. Geofluids, 7: 313-322.

COBBOLD P R, ZANELLA A, RODRIGUES N, et al., 2013. Bedding-parallel fibrous veins (beef and cone-in-cone): Worldwide occurrence and possible significance in terms of fluid overpressure, hydrocarbon generation and mineralization[J]. Marine and Petroleum Geology, 43: 1-20.

DAVID C, WONG T F, ZHU W L, et al., 1994. Laboratory measurement of compaction-induced permeability change in porous rocks: Implications for the generation and maintenance of pore pressure excess in the crust [J]. Pure and Applied Geophysics, 143: 425-456.

DICKER A I, SMITS R M, 1988. A practical approach for determining permeability from laboratory pressure-pulse decay measurements [C]. SPE International Meeting on Petroleum Engineering in Tianjin, China, SPE 17578.

DING W L, LI C, LI C Y, et al., 2012. Fracture development in shale and its relationship to gas accumulation [J]. Geoscience Frontiers, 3 (1): 97-105.

DING W L, ZHU D W, CAI J J, et al., 2013. Analysis of the developmental characteristics and major regulating factors of fractures in marine-continental transitional shale-gas reservoirs: A case study of the Carboniferous-Permian strata in the southeastern Ordos Basin, central China [J]. Marine and Petroleum Geology, 45: 121-133.

DONG J J, HSU J Y, WU W J, et al., 2010. Stress-dependence of the permeability and porosity of sandstone and shale from TCDP Hole-A [J]. International Journal of Rock Mechanics & Mining Sciences, 47: 1141-1157.

GALE J F W, LAUBACH S E, OLSON J E, et al., 2014. Natural fractures in shale: A review and new observations [J]. AAPG Bulletin, 98 (11): 2165-2216.

GANGI A F, 1978. Variation of whole and fractured porous rock permeability with confining pressure [J]. International Journal of Rock Mechanics and Mining Sciences & Geomechanics Abstracts, 15: 249-257.

GHOSH S, GALVIS-PORTILLA H A, KLOCKOW C M, et al., 2018. An application of outcrop analogues to understanding the origin and abundance of natural fractures in the Woodford Shale [J]. Journal of Petroleum Science and Engineering, 164: 623-639.

GROSS M R, 1993. The origin and spacing of cross joints: Examples from the Monterey Formation, Santa Barbara Coastline, California [J]. Journal of Structural Geology, 15 (6): 737-751.

GU Y, DING W L, TIAN Q N, et al., 2020. Developmental characteristics and dominant factors of natural fractures in lower Silurian marine organic-rich shale reservoirs: A case study of the Longmaxi formation in the Fenggang block, southern China[J]. Journal of Petroleum Science and Engineering, 192: 107277.

GUO T K, ZHANG S C, GAO J, et al., 2013. Experimental study of fracture permeability for stimulated reservoir volume (SRV) in shale formation [J]. Transport in Porous Media, 98: 525-542.

HARRIS N B, FREEMAN K H, PANCOST R D, et al., 2005. Patterns of organic-carbon enrichment in a lacustrine source rock in relation to paleo-lake level, Congo Basin, West Africa [J]. SEPM Special Publication, 82: 103-123.

HOOKER J N, LAUBACH S E, MARRETT R, 2013. Fracture-aperture size-frequency, spatial distribution, and growth processes in strata-bounded and non-strata-bounded fractures, Cambrian Meson Group, NW Argentina [J]. Journal of Structural Geology, 54: 54-71.

HOOKER J N, LAUBACH S E, MARRETT R, 2014. A universal power-law scaling exponent for fracture apertures in sandstones [J]. GSA Bulletin, 126 (9/10): 1340-1362.

HUANG B X, LI L H, TAN Y F, et al., 2020. Investigating the meso-mechanical anisotropy and fracture surface roughness of continental shale [J]. Journal of Geophysical Research: Solid Earth, 125(8):1-23.

HUANG Q, ANGELIER J, 1989. Fracture spacing and its relation to bed thickness [J]. Geological Magazine, 126 (4): 355-362.

JARVIE D M, HILL R J, RUBLE T E, et al., 2007. Unconventional shale-gas systems: The Mississippian Barnett Shale of north-central Texas as one model for thermogenic shale-gas assessment [J]. AAPG Bulletin, 91 (4): 475-499.

JI S C, SARUWATARI K, 1998. A revised model for the relationship between joint spacing and layer thickness [J]. Journal of Structural Geology, 20 (11): 1495-1508.

JIU K, DING W L, HUANG W H, et al., 2013. Fractures of lacustrine shale reservoirs, the Zhanhua Depression in the Bohai Bay Basin, eastern China [J]. Marine and Petroleum Geology, 48: 113-123.

JONES S C, 1997. A technique for faster pulse-decay permeability measurements in tight rocks [J]. SPE Formation Evaluation,12(1): 19-25.

KASSIS S, SONDERGELD C H, 2010. Fracture permeability of gas shale: Effects of roughness, fracture offset, proppant, and effective stress [C]. CPS/SPE International Oil & Gas Conference and Exhibition in Beijing,China,SPE 131376.

KRANZ R L, FRANKEL A D, ENGELDER T, et al., 1979. The permeability of whole and jointed Barre Granite [J]. International Journal of Rock Mechanics and Mining Sciences & Geomechanics Abstracts, 16: 225-234.

KWON O, KRONENBERG A K, GANGI A F, et al., 2001. Permeability of Wilcox shale and its effective pressure law [J]. Journal of Geophysical Research, 106 (B9): 19339-19353.

KWON O, KRONENBERG A K, GANGI A F, et al., 2004. Permeability of illite-bearing shale: 1. Anisotropy and effects of clay content and loading [J]. Journal of Geophysical Research, 109 (B10205): 1-19.

LADEIRA F L, PRICE N J, 1981. Relationship between fracture spacing and bed thickness [J]. Journal of Structural Geology, 3 (2): 179-183.

LORENZ J C,COOPER S P,2020. Applied concepts in fractured reservoirs [M]. New Jersey: Wiley-Blackwell.

LUO Y, LIU H P, ZHAO Y C, et al., 2016. Effects of gas generation on stress states during burial and implications for natural fracture development [J]. Journal of Natural Gas

Science and Engineering, 30: 295-304.

MANDAL N, DEB S K, KHAN D, 1994. Evidence for a non-linear relationship between fracture spacing and layer thickness [J]. Journal of Structural Geology, 16 (9): 1275-1281.

MANDELBROT B B, 1982. The Fractal Geometry of Nature [M]. New York: W. H. Freeman.

MARRETT R, ORTEGA O J, KELSEY C M, 1999. Extent of power-law scaling for natural fractures in rock [J]. Geology, 27 (9): 799-802.

MILLIKEN K L, RUDNICKI M, AWWILLER D N, et al., 2013. Organic matter-hosted pore system, Marcellus Formation (Devonian), Pennsylvania [J]. AAPG Bulletin, 97 (2): 177-200.

MILSCH H, HOFMANN H, BLOCHER G, 2016. An experimental and numerical evaluation of continuous fracture permeability measurements during effective pressure cycles [J]. International Journal of Rock Mechanics & Mining Sciences, 89: 109-115.

NARR W, 1991. Fracture density in the deep subsurface: Techniques with application to Point Arguello oil field [J]. AAPG Bulletin, 75 (8): 1300-1323.

NARR W, SCHECHTER D W, THOMPSON L B, 2006. Natrually fractrued reservoir characterization [M]. Richardson, Texas: Society of Petroleum Engineers.

NARR W, SUPPE J, 1991. Joint spacing in sedimentary rocks [J]. Journal of Structural Geology, 13 (9): 1037-1048.

ORTEGA O J, MARRETT R A, LAUBACH S E, 2006. A scale-independent approach to fracture intensity and average spacing measurement [J]. AAPG Bulletin, 90 (2): 193-208.

OUGIER-SIMONIN A, RENARD F, BOEHM C, et al., 2016. Microfracturing and microporosity in shales [J]. Earth-Science Reviews, 162: 198-226.

PAN L, XIAO X M, TIAN H, et al., 2015. A preliminary study on the characterization and controlling factors of porosity and pore structure of the Permian shales in Lower Yangtze region, Eastern China [J]. International Journal of Coal Geology, 146: 68-78.

PATHI V S M, 2008. Factors affecting the permeability of gas shales [D]. Vancouver: University of British Columbia.

RENSHAW C E, 1995. On the relationship between mechanical and hydraulic apertures in rough-walled fractures [J]. Journal of Geophysical Research, 100 (B12): 24629-24636.

SCHULTE S, MANGELSDORF K, RULLKOTTER J, 2000. Organic matter preservation on the Pakistan continental margin as revealed by biomarker geochemistry [J]. Organic Geochemistry, 31: 1005-1022.

SHI Y L, WANG C Y, 1986. Pore pressure generation in sedimentary basins: Overloadingversus aquathermal [J]. Journal of Geophysical Research, 91 (B2): 2153-2162.

SNOW D T, 1965. A parallel plate model of fractured permeable media [D]. Berkeley: University of California.

STEIN R, 1986. Organic carbon and sedimentation rate-further evidence for anoxic deep-water conditions in the Cenomanian/Turonian Atlantic Ocean [J]. Marine Geology, 72: 199-209.

TERZAGHI K V, 1923. Die Berechnung der Durchassigkeitsziffer des Tones aus dem Verlauf der hydrodynamischen Spannungserscheinungen [J]. Sitzungsber Akad Wiss Wien Math Naturwiss Kl, Abt 2A, 132: 105-124.

WALSH J B, 1981. Effect of pore pressure and confining pressure on fracture permeability [J]. International Journal of Rock Mechanics and Mining Sciences & Geomechanics Abstracts, 18: 429-435.

WANG R Y, DING W L, ZHANG Y Q, et al., 2016. Analysis of developmental characteristics and dominant factors of fractures in Lower Cambrian marine shale reservoirs: A case study of Niutitang formation in Cen'gong block, southern China [J]. Journal of Petroleum Science and Engineering, 138: 31-49.

WANG X H, DING W L, CUI L, et al., 2018. The developmental characteristics of natural fractures and their significance for reservoirs in the Cambrian Niutitang marine shale of the Sangzhi block, southern China [J]. Journal of Petroleum Science and Engineering, 165: 831-841.

WANG X H, WANG R Y, DING W L, et al., 2017. Development characteristics and dominant factors of fractures and their significance for shale reservoirs: A case study from $C_1b^2$ in the Cen'gong block, southern China [J]. Journal of Petroleum Science and Engineering, 159: 988-999.

WU C J, TUO J C, ZHANG M F, et al., 2016. Sedimentary and residual gas geochemical characteristics of the Lower Cambrian organic-rich shales in Southeastern Chongqing, China [J]. Marine and Petroleum Geology, 75: 140-150.

WU H Q, POLLARD D D, 1995. An experimental study of the relationship between joint spacing and layer thickness [J]. Journal of Structural Geology, 17 (6): 887-905.

WU J, LIANG C, HU Z Q, et al., 2019. Sedimentation mechanisms and enrichment of organic matter in the Ordovician Wufeng Formation-Silurian Longmaxi Formation in the Sichuan Basin [J]. Marine and Petroleum Geology, 101: 556-565.

WU Y, FAN T L, JIANG S, et al., 2017. Lithofacies and sedimentary sequence of the lower Cambrian Niutitang shale in the upper Yangtze platform, South China [J]. Journal of Natural Gas Science and Engineering, 43: 124-136.

XIE H P, WANG J A, 1999. Direct fractal measurement of fracture surfaces [J]. International Journal of Solids and Structures, 36: 3073-3084.

XIE H P, WANG J A, KWASNIEWSKI M A, 1999. Multifractal characterization of rock fracture surfaces [J]. International Journal of Rock Mechanics and Mining Sciences, 36: 19-27.

XIE H P, WANG J A, STEIN E, 1998. Direct fractal measurement and multifractal properties of fracture surfaces [J]. Physics Letters A, 242: 41-50.

XU S, GOU Q Y, HAO F, et al., 2020. Multiscale faults and fractures characterization and their effects on shale gas accumulation in the Jiaoshiba area, Sichuan Basin, China [J]. Journal of Petroleum Science and Engineering, 189(107026): 1-12.

XU X, ZENG L B, TIAN H, et al., 2021. Controlling factors of lamellation fractures in marine shales: A case study of the Fuling Area in Eastern Sichuan Basin, China [J]. Journal of Petroleum Science and Engineering, 207(109091): 1-13.

ZENG L B, JIANG J W, YANG Y L, 2010. Fractures in the low porosity and ultra-low permeability glutenite reservoirs: A case study of the late Eocene Hetaoyuan formation in the Anpeng Oilfield, Nanxiang Basin, China [J]. Marine and Petroleum Geology, 27: 1642-1650.

ZENG L B, LI X Y, 2009. Fractures in sandstone reservoirs with ultra-low permeability: A case study of the Upper Triassic Yanchang Formation in the Ordos Basin, China [J]. AAPG Bulletin, 93(4): 461-477.

ZENG L B, LYU W Y, LI J, et al., 2016. Natural fractures and their influence on shale gas enrichment in Sichuan Basin, China [J]. Journal of Natural Gas Science and Engineering, 30: 1-9.

ZENG L B, SHU Z G, LYU W Y, et al., 2021. Lamellation fractures in the paleogene continental shale oil reservoirs in the Qianjiang Depression, Jianghan Basin, China [J]. Geofluids(5): 1-10.

ZENG W T, ZHANG J C, DING W L, et al., 2013. Fracture development in Paleozoic shale of Chongqing area (South China). Part one: Fracture characteristics and comparative analysis of main controlling factors [J]. Journal of Asian Earth Sciences, 75: 251-266.

ZHANG K, JIA C Z, SONG Y, et al., 2020. Analysis of Lower Cambrian shale gas composition, source and accumulation pattern in different tectonic backgrounds: A case study of Weiyuan Block in the Upper Yangtze region and Xiuwu Basin in the Lower Yangtze region[J]. Fuel, 263: 115978.

ZHANG K, SONG Y, JIANG S, et al., 2019b. Shale gas accumulation mechanism in a syncline setting based on multiple geological factors: An example of southern Sichuan and the Xiuwu Basin in the Yangtze Region[J]. Fuel, 241: 468-476.

ZHANG R, NING Z F, YANG F, et al., 2015a. Impacts of nanopore structure and elastic properties on stress-dependent permeability of gas shales [J]. Journal of Natural Gas Science and Engineering, 26: 1663-1672.

ZHANG R, NING Z F, YANG F, et al., 2015b. Evaluation of petrophysical and mechanical features for shale gas reservoirs in south Sichuan Basin, China [C]. EUROPEC in Madrid, Spain, SPE-174316-MS.

ZHANG R, NING Z F, YANG F, et al., 2016. A laboratory study of the porosity-permeability relationships of shale and sandstone under effective stress [J]. International Journal of Rock Mechanics & Mining Sciences, 81: 19-27.

ZHANG Y Y, HE Z L, JIANG S, et al., 2019a. Fracture types in the lower Cambrian shale and their effect on shale gas accumulation, Upper Yangtze [J]. Marine and Petroleum Geology, 99: 282-291.

ZHAO G, DING W L, SUN Y X, et al., 2020. Fracture development characteristics and controlling factors for reservoirs in the Lower Silurian Longmaxi Formation marine shale of the Sangzhi block, Hunan Province, China [J]. Journal of Petroleum Science and Engineering, 184: 106470.

ZHOU H W, XIE H, 2003. Direct estimation of the fractal dimensions of a fracture surface of rock [J]. Surface Review and Letters, 10 (5): 751-762.